# 微电网储能技术原理及应用

主　编　贺达江　叶季蕾

西南交通大学出版社

·成　都·

图书在版编目（ＣＩＰ）数据

微电网储能技术原理及应用 / 贺达江，叶季蕾编著
. — 成都：西南交通大学出版社，2022.10
ISBN 978-7-5643-8938-3

Ⅰ．①微… Ⅱ．①贺… ②叶… Ⅲ．①电网－储能－
研究 Ⅳ．①TM727

中国版本图书馆 CIP 数据核字（2022）第 182561 号

Wei Dianwang Chuneng Jishu Yuanli ji Yingyong

## 微电网储能技术原理及应用

贺达江　叶季蕾　编著

| | |
|---|---|
| 责 任 编 辑 | 张文越 |
| 封 面 设 计 | 墨创文化 |
| 出 版 发 行 | 西南交通大学出版社<br>（四川省成都市金牛区二环路北一段 111 号<br>西南交通大学创新大厦 21 楼） |
| 发行部电话 | 028-87600564　028-87600533 |
| 邮 政 编 码 | 610031 |
| 网　　　址 | http://www.xnjdcbs.com |
| 印　　　刷 | 四川森林印务有限责任公司 |
| 成 品 尺 寸 | 185 mm × 260 mm |
| 印　　　张 | 9 |
| 字　　　数 | 213 千 |
| 版　　　次 | 2022 年 10 月第 1 版 |
| 印　　　次 | 2022 年 10 月第 1 次 |
| 书　　　号 | ISBN 978-7-5643-8938-3 |
| 定　　　价 | 35.00 元 |

# 前　言

基于可再生能源的分布式发电技术在世界范围内得到了广泛的重视和发展。然而，大规模分布式发电给电网尤其是配电网的运行控制、安全保护、调度管理等方面带来了深刻的影响。微电网作为分布式发电接入电网的一种技术手段，引起了越来越多的研究人员的关注。微电网作为分布式清洁能源优化配置一种有效形式，通过配置储能系统以及协调控制，各类分布式电源间可解决风力发电、光伏发电等分布式清洁能源发电功率输出的随机性与波动性等问题，同时可以根据外部电网的峰谷时段，存储或释放能量，平抑峰谷差，实现削峰填谷、节能减排。可以看出，微电网是智能配电网的子系统，微电网又是智能配电网一些功能的实现载体，微电网是智能配电网的重要组成部分。

尽管我国对分布式发电和微电网的研究起步较晚，但很多高校、研究结构都在关注这一领域，并在国家"973"、"863"计划的支持下在该领域开展一些研究工作，也取得了一些阶段性的研究成果。自2016年起，国家政策的支持推动了我国微电网行业的发展。2017年7月，国家发改委与国家能源局联合颁布了《推进并网型微电网建设试行办法》，提出要推进电力体制的改革，发展微电网与新能源的结合使用模式，促进微电网健康有序发展，建立集中与分布式协同，多元融合，多能互补的高效能源生产与消费体系。2021年9月，《关于完整准确全面贯彻新发展理念做好碳达峰碳中和工作的意见》指出"推进电网体制改革，明确以消纳可再生能源为主体的增量配电网、微电网和分布式电源的市场主体地位"；可以看出，微电网的发展是国家能源发展规划和改革的重要部分，市场潜力巨大。

微电网是指由分布式电源、用电负荷、配电设施、监控和保护装置等组成的小型发配用电系统。并网型微电网通常与外部电网联网运行，且具备并离网切换与独立运行能力。储能系统是构建微电网的不可或缺的组成部分，是微电网在自治运行时达到安全、高效、可靠的必要保障。微电网中的储能系统具有以下重要作用：并网运行时，微电网中总发电功率与负荷总需求功率不平衡时，储能系统吸收或释放系统的功率；独立运行时，储能环节可支持微电网自主稳定运行，平抑系统扰动、维持发电/负荷动态平衡、保持电压/频率稳定；离网和并网相互切换时，储能设备作为主电源，保证重要负荷电压稳定，同时实现平滑切换。

本书从微电网的发展背景出发，相继介绍了储能技术的分类、储能电池成组应用技术、储能电池管理系统、储能系统并网运行与控制技术、储能系统监控技术、微电网储能技术应用案例分析等内容。

本书共 7 章，由贺达江、叶季蕾担任主编，参加本书编写工作的有冯可，朱旭凯，牛晨晖，舒薇，刘丽丽，宋宏彪，薛金花，桑丙玉，蔡鹃，刘柏罕，陈雷平，牛红军，全书由贺达江、叶季蕾统稿。在本书写作过程中，中国电力科学研究院多位同事给予了多方面的支持和鼓励，作者对他们的辛勤劳动表示衷心的感谢。

本书的很多内容都基于现有微电网实际工程，在写作过程中秉承实用性原则，希望对从事微电网储能研究工作者有一定的参考价值。由于微电网的应用及储能技术一直处于不断发展阶段，一些内容还很不成熟，限于作者水平，内容还存在不妥之处，真诚地期待读者对本书提出批评和指正。

# 目 录

# 第 1 章

# 概 述

## 1.1 微电网发展背景

以集中发电、远距离输电和大电网互联为主要特征的电力系统是目前世界上电力生产、输送和分配的主要方式。这种集中供电模式的大系统提供着世界上绝大部分用户的电能需求，但是其自身的一些弊端也日益呈现。近年来，世界范围内的能源危机日益呈现，随着燃煤、核电的经济成本和环境成本的不断增加，以及用户对电力供应可靠性的要求不断提高，基于新能源开发利用的分布式发电技术以其可以降低环境污染，降低用户终端费用，同时兼具高效性和灵活性等优点，越来越受到重视，在维持社会和经济可持续发展中具有光明的发展前景。

"分布式发电"或"分布式电源"概念的出现可以追溯到 20 世纪 80 年代末，当时美国、欧洲各国纷纷开始应用分布式发电技术，全球电力工业出现由传统的集中供电模式向集中和分散相结合的供电模式过渡的趋势。分布式发电在美国、日本、欧洲等国家及地区发展较早。近年来，分布式发电在中国也取得了快速发展。截至 2017 年，全球分布式发电装机容量达到 132.4 GW。

与依靠远距离输配的传统电源相比，分布式发电一定程度上适应了分散的电力需求与资源分布，同时与电网互为备用，使供电可靠性也得以改善；并且基于清洁能源的分布式发电技术具有污染少、可靠性及能源利用效率高、安装地点灵活等多方面优点。

分布式发电的快速发展与应用，在促进清洁能源开发利用的同时，也带来了一些负面的影响。其中，最突出的是分布式发电接入对配电网运行和管理带来的冲击和影响：大量分散的、形式多样、性能各异的分布式电源简单并网会对电网和用户造成冲击，给电能质量、安全保护、运行可靠性带来不利影响。

为了解决分布式电源直接并网运行对电网和用户造成的冲击，充分挖掘分布式电源为电网和用户带来的价值和效益，2001 年美国威斯康辛大学 Bob Lasster 等学者首次提出了一种更好地发挥分布式发电潜能的结构形式——Microgrid（微电网）。随后美国电力可靠性技术解决方案协会（Consortium for Electric Reliability Technology Solutions，CERTS）2002 年出版《微电网概念》白皮书正式定义了微电网的概念。此后，微电网引起了世界各国专家们的关注，而不同国家对微电网的研究侧重点各有不同：美国近年来发生了几次较大的停电事故，使美国电力行业十分关注电能质量和供电可靠性,因此美国对微电网的研究着重于利用微电网提高电能质量和可靠性;日本国土资源匮乏,其更加重视可再生能源的利用,但由于可再生能源发电具有随机性,所以日本在微电网方面的研究更侧重控制与储能技术;欧洲互联电网中的电源整体上靠近负荷,比较容易形成多个微电网,所以欧洲微电网的研究更关注多个微电网的互联和市场交易问题;对中国而言,由于电力系统的发展与国外不同,微电网的研究和发展也具有自己的特点,我国在加强主网网架、建设特高压大电网的同时希望通过分布式发电和微电网技术,促进分散式能源的开发利用,提高能源综合利用效率,促进节能减排,解决偏远和海岛地区的电力供应。

## 1.2 微电网组成

微电网系统中包含了多个分布式发电和储能元件,这些分布式发电和储能元件联合向系统中的负荷供电。整个微电网相对大电网来说是一个整体,通过断路器和上级电网相连接。

微电网系统主要由分布式发电、储能单元、配电系统、电力电子器件、负荷等一次系统以及继电保护装置、监控系统、能量管理系统等二次系统组成。微电网系统组成如图 1-1 所示。

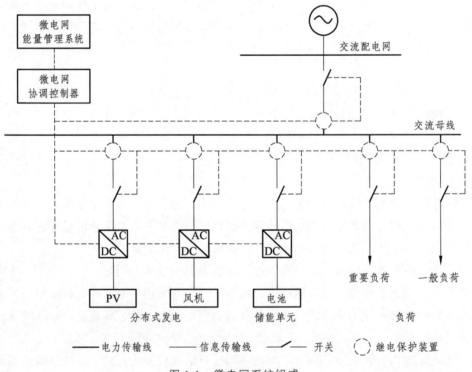

图 1-1　微电网系统组成

分布式发电（Distributed Generation，DG）指主要在用户所在场地或附近建设安装,运行方式以用户侧自发自用为主、多余电量上网,且在配电网系统以平衡调节为特征的发电设施或有电力输出的能量综合梯级利用多联供设施。其主要包括风能、太阳能、生物质能、水能、潮汐能、海洋能等可再生能源发电,微型燃气轮机、柴油发电机、燃料电池等非可再生能源,以及余热、余压和废气利用发电和小型天然气冷热电多联供等。由于微电网中分布式发电的种类和特征不同，需要一些特殊的协调方式才可能使其满足并网运行条件。

储能单元的主要作用在于：并网运行时，若微电网中总发电功率与负荷总需求功率不平衡，则储能系统吸收或者释放系统的功率；孤网运行时，储能环节可支持微电网自主稳定运行，平抑系统扰动、维持发电/负荷动态平衡、保持电压/频率稳定；孤网和并网相互切换时，储能设备作为主电源，保证重要负荷电压稳定，同时实现平滑切换。

配电系统主要包括开关、变压器、配电线路等，是向终端用户分配电能的一个电力网络系统。其中，微电网中的开关可分为用于隔离微电网与大电网的并网点开关和用于切除线路或分布式电源的断路器。并网点开关具备故障跳闸及检有压合闸功能，在故障或者扰动时，有能力自动地把微电网隔离出来，故障清除后，再自动地重新与主网连上。微电网并网点所在的位置，一般选择为配电变压器的低压侧或主网与微电网的连接点处。

电力电子器件主要包括整流器（AC/DC）、逆变器（DC/AC）、交流变频器（AC/AC）以及直流变流器（DC/DC）等，用于实现不同电源系统之间的能量双向传递与转换。由于电力电子器件在运行过程中会产生谐波电流污染电网，因此应采取必要的谐波抑制及谐波治理措施。

微电网中的用电负荷可以多种多样，一般根据其重要程度，可以将其分为可切负荷、可控负荷与敏感负荷，从而实现对负荷的分级分层控制。敏感负荷对电能质量要求较高，要求微电网提供连续不中断供电；可控负荷接受控制，在必要的情况下可以中断供电，停止运行；可切负荷是指一些对供电可靠性要求不高的负载，可以随时切除。

微电网继电保护装置是维持微电网安全稳定运行的关键设备，当微电网内发生短路故障和危及安全运行的异常工况时，保护装置能够快速正确地判断故障位置，切除故障线路，隔离故障区域，减轻或避免设备的损坏，保障非故障区域的供电。

微电网监控系统主要以协调控制器、通信设备、测控单元为基本工具，为微电网系统的实时数据采集和显示、开关状态检测及远程控制提供了基础平台。同常规的电力系统相比，微电网中的可调节变量更加丰富，如分布式电源的有功输出功率、电压型逆变器接口母线的电压、电流型逆变器接口的电流、储能系统的有功输出等。协调控制器通过对这些变量的控制调节，可以在满足系统运行约束的条件下，最大限度地利用可再生能源，降低微电网运行成本，提高生产效率，加快运行中异常的反应速度。通信设备、测控单元是实现微电网控制自动化的基础。

微电网能量管理系统（Energy Management System，EMS）从能量的角度对微网的设备进行管理和控制，进一步提高微网的可靠性和经济性。由于微电网可同时存在多元能量平衡关系（冷、热、电等）、多种可再生能源（太阳能、风能）、多种能源转换单元（燃料电池、微型燃气轮机、储能系统等）以及多种运行目标（最大化微电网内可再生能源发电，最小化微电网运行燃料成本和最小化污染物排放等），使得微电网成为一个具有较强随机性的多元非线性复杂系统。其能量管理系统依托监控技术，为微电网管理人员提供电网各种实时的信息，并对微电网进行能量管理，实现微电网的优化运行与能量的合理分配，保证微电网安全、稳定、经济运行。在中、小型微电网中，为了减少成本投资，简化操作流程，微电网能量管理系统和监控系统的功能集成开发。

## 1.3 国内外微电网应用现状

### 1.3.1 美国

美国自 20 世纪 90 年代以来发生了几次较大的停电事故，使其电力行业十分关注电能质量和供电可靠性。美国对微电网的研究重点主要集中在满足多种电能质量的要求、提高供电的可靠性、降低成本和实现智能化等方面。

美国的分布式发电与微电网技术研究机构包括电力可靠性技术解决方案协会（CERTS）、制造商（以 GE 为代表）、高等院校等不同单位。

CERTS 在 2003 年为美国能源部及加州能源委员会编写的《微电网概念》白皮书中对其微电网的主要思想及关键问题进行了描述和总结，系统地概括了微电网的定义、结构、控制、保护及效益分析等一系列问题。CERTS 提倡微电网内部各分布式电源应具有即插即用的能力，储能装置连接在直流侧与分布式电源一起作为一个整体通过电力电子接口连接到微电网，微电网通过单点接入大电网，其控制目标是将微电网作为可控的负荷，充分消纳当地分布式电源，不允许向电网倒送电。CERTS 与美国电力公司（AEP）在美国俄亥俄州哥伦布市附近合作建造的一个试验平台进行了微电网技术检验。2005 年，CERTS 对微电网的研究已经从仿真分析、实验研究阶段进入现场试点运行阶段。由美国北部电力系统承建的 Mad River 微电网是美国第一个微电网试点工程，用于检验微电网的建模和仿真方法、保护和控制策略以及经济效益等，形成了关于微电网的管理政策和法规等，为微电网工程建设建立框架体系。

通用电气公司（GE）与美国能源部共同资助了第二个"GE 全球研究"计划，GE 的目标是开发出一套微电网能量管理系统（Microgrid Energy Management，MEM），包括电气和热能的性能和成本优化控制，接入公用电网的并网控制以及对清洁能源间歇性发电的管理。伊顿公司获得 240 万美元的美国联邦经济激励方案拨款，用于开发一套微电网，以帮助美国陆军基地更好地管理电源和存储电能，同时减少能源消耗和温室气体排放。波音公司和西门子公司结成战略联盟，就美国国防部"智能电网"技术的联合开发和营销进行合作。该项合作集中于为美国军方提供安全微电网管理方案，以降低运行成本并提高能源效率，把微电网设计成为整合可再生能源及储能的能源效率实施工具，可用于能源的分析、控制和自动化管理。

美国很多高校也都参与到了微电网技术的研究中。霍华德大学同 Pareto 能源公司签署了一则协议，投资 1500 万～2000 万美元研发一套能为校园发电、供暖和供冷的装置。

加州大学圣地亚哥分校在校园建设了微电网，安装了 2 台单机容量 13.5 MW 的燃气涡轮机，1 台 3 MW 的蒸汽机和一套 1.2 MW 的光伏发电装置，可满足学校 82%的电力需求。

美国国防部积极推行可再生能源设备安装，在其军事装置上以及阿拉斯加州、加州沙漠、亚利桑那州、墨西哥湾军港等军事基地附近，部署安装这些战略微电网，提高美国的能源安全等级。

在加州能源委员会的资助下，美国配电企业联合会（Distribution Utility Associates）开展了一项名为"Distributed Utility Integration Test"的科研项目，对分布式电源融入公用电网进行了全方位的试验，该项目对分布式电源整合于配电系统的可行性和价值进行了试验研究。DTE Energy 电力公司重点研究了分布式电源对配电系统影响的量化分析以及微电网电压、谐波分析以及故障分析。目前美国典型的微电网实验室如表 1-1 所示。

表 1-1  美国典型微电网实验室

| 项目名称 | 位置 | 电压等级 | 系统构成 | 资助和运行机构 |
|---|---|---|---|---|
| CERTS 微电网示范平台 | Dolan 技术中心，Columbus, Ohio | 480 V | 包括了 3 个 60 kW 燃气轮机。有三条馈线，其中两条含有微电源并能孤网运行。系统用于测试微电网各部分的动态特性及对敏感负荷的优质电能供给问题 | CERTS，美国电力公司（AEP）等 |
| NREL 实验室微电网 | Madison, Wisconsin | 480 V | 系统含 200 kW 交流电网模拟系统，交流母线允许最多 15 台设备同时并入（燃气轮机、光伏、风机、蓄电池、柴油机）；可以进行系统可靠性测试，导则制定及复杂系统互联等微电网技术研究 | 威斯康星电力电子研究中心 |
| Sandia 国家实验室 | 美军事基地 | 480 V | 包括光伏、燃气轮机、风机在内的多种分布式电源，该微电网可以进行联网和孤岛运行测试，分析分布式电源利用效率，监测分布式电源输出功率的变化、负荷变化对微电网稳态运行的影响等 | Sandia 美国国家实验室 |
| DUIT 微电网 | San Ramon, California | 21 kV | 含有 34 个单相光伏逆变器，容量为 2.5~5 kW，2 个三相逆变器 140 kW，2 个微型燃气轮机 90 kW，500 kVA 发电机组。具有隔离开关，可孤网运行。主要关注多分布式电源的高渗透率对配电网的影响 | DOE；加州能源署（CEC） |

典型微电网试点工程见表 1-2。

表 1-2  美国典型微电网试点工程

| 项目名称 | 位置 | 电压等级 | 系统构成 | 资助和运行机构 |
|---|---|---|---|---|
| Mad River 微电网 | Waitsfield, Vermont | 7.2 kV | 含分布式电源有两台 100 kW 的生物柴油机、两台 90 kW 的丙烷柴油机、30 kW 的燃气轮机、光伏等，接入 7.2 kV 配网。既可孤网运行，也可并网运行。在此基础上，NPS 开发了 SmartView™ 能量管理软件，对微电网进行调度管理 | 北方电力（NPS）；美国国家可再生能源实验室（NREL） |
| Palmdale 微电网 | California | 480 V | 950 kW 风机，200 kW 燃气轮机，250 kW 水轮机，并有 800 kW 柴油机备用电源。配备 450 kW 储能系统，通过超级电容和先进电力电子设备的配合与控制维持系统的平衡。该系统用于研究超级电容器对电能质量的作用 | DOE |
| GE 微电网示范平台 | San Francisco | 480 V | 作为 CERTS 微电网研究的重要补充，目标是开发出一套微电网能量管理系统，用于保证微电网的电能质量，满足用户需求，同时通过市场决策，维持微电网的最优运行 | DOE；通用电气公司（GE） |

## 1.3.2 欧洲

欧洲能源政策的核心是发展可持续、具有竞争力和安全的能源。欧洲对微电网研究和发展主要考虑的是有利于满足用户对电能质量以及电网的稳定和环保的要求，所有的微电网研究计划都围绕着可靠性、可接入性、灵活性 3 个方面来考虑。电网的智能化、能量利用的多元化等将是欧洲未来电网的重要特点。与 CERTS 微电网不同，欧盟的微电网允许向主网输出电力。

欧盟在第 5、6、7 框架计划中资助了多个科研项目，参与方包括高校、制造商（ABB、西门子等）、电力公司，研究涵盖分布式供电的多个方面。

欧盟第五框架计划（5th Framework Program，5th FP）专门拨款资助微电网研究计划。该项目已完成并取得了许多研究成果，如 DERs 的模型、可用于对逆变器控制的低压非对称微电网的静态和动态仿真工具、孤岛和互联的运行理念、基于代理的控制策略、本地黑启动策略、接地和保护的方案、可靠性的定量分析、实验室微电网平台的理论验证等。

欧盟第六框架计划（6th Framework Program，6th FP）继续资助了 4 个分布式供电项目，分别针对现有分布式发电与储能技术进行评估和分析，制定了未来评估规划；对成员国分布式电源并网政策和管理进行调研，提出改进方案；针对分布式电源给配电网带来的安全稳定问题提出解决方案，并提出合适的标准、政策及商业模型来促进分布式电源在欧洲电网中的应用；对分布式电源接入系统的设计、相关标准的制定及设备测试开展工作。

欧洲部分国家建设了多个微电网实验室和试点工程，典型微电网实验室建设情况见表 1-3。

表 1-3　欧洲典型微电网实验室

| 项目名称 | 位置 | 电压等级 | 系统构成 | 资助和运行机构 |
|---|---|---|---|---|
| NTUA 微电网 | 雅典国立大学 | 230 V | 包括光伏发电 1.1 kW 和 110 W，蓄电池 60 V/250 A·h，负荷为 PLC 控制的可控负荷。研究微电网中的控制策略，微电网运行模式切换及对微电网经济性的评估，同时验证微电网的上层调度管理策略 | 雅典国立大学 |
| Demotec 微电网 | 德国卡塞尔大学太阳能技术研究所 | 400 V | 包含 20 kVA 和 30 kVA 的柴油发电机组光伏、风力发电等，负荷包括电灯、冰箱以及电机等负荷。可以实现并网和离网模式的无缝切换，并且并网运行时可以向电网倒送电能。可以进行以逆变器为主导的微电网孤岛测试，下垂控制的逆变器并联运行测试，负载对微电网暂态影响测试，分布式电源输出波动对电网稳定性影响测试等多项实验 | 德国卡塞尔大学 |
| ARMINES 微电网 | 法国巴黎矿业学院的能源研究中心 | 230 V | 包括光伏 3.1 kW、燃料电池 1.2 kW、柴油机 3.2 kW，蓄电池 48 V/18.7 kW·h。负荷包含多种类型，可并网和离网运行 | 法国巴黎矿业学院 |

| 项目名称 | 位置 | 电压等级 | 系统构成 | 资助和运行机构 |
|---------|------|---------|---------|--------------|
| Labein 微电网 | 西班牙德里奥 | 400 V | 包含 0.6 kW 和 1.6 kW 单相光伏,3.6 kW 三相光伏,2 个 55 kW 柴油机,50 kW 微型燃气轮机,6 kW 风力发电机;250 kVA 飞轮储能,2.18 MJ 超级电容,1120 Ah 和 1925 Ah 蓄电池储能;55 kW 和 150 kW 电阻负荷,2 个 36 kVA 电感负荷。用于测试并网运行时集中和分散控制及电力市场的能量交易 | Labein Tecnalia |
| CESI RICERCA test facility | 意大利米兰 | 400 V | 通过 800 kVA 变压器与 23 kV 母线相连,350 kW 的电力生产能力,具有光伏发电、微型燃气轮机、柴油机、熔融碳酸盐燃料电池等微电源,并配有蓄电池、飞轮等储能方式,可组成不同的拓扑结构。主要结合项目开展稳态、暂态运行过程测试和电能质量分析 | CESI |

典型试点工程见表 1-4。

表 1-4　欧洲典型微电网试点工程

| 项目名称 | 位置 | 电压等级 | 系统构成 | 资助和运行机构 |
|---------|------|---------|---------|--------------|
| Kythnos Islands 微电网 | 希腊基斯诺斯岛 | 400 V | 包括 6 个光伏发电单元,共 11 kW,1 座 5 kW 柴油机,1 台 3.3 kW/50 kW·h 蓄电池/逆变器系统,用于对本地负荷供电。单相系统包括 2 kW 的光伏和 32 kW·h 的蓄电池,用于保障整个微电网系统通信设施的电力供应 | ISET; Municipality of Kythnos; CRES |
| Continuon's MV/LV facility | 荷兰阿纳姆 | 400 V | 以光伏发电为主,共装 335 kW 光伏。既可孤网运行,也可并网运行。主要研究联网和孤岛模式之间的自动切换问题,要求当大电网故障时,能自动切换到孤岛运行模式并能维持稳定运行 24 小时,且具有黑启动能力。系统通过上层控制器实现对蓄电池的智能充放电管理,维持微电网稳定运行 | Germanos EMforce |
| Manheim Microgrid | 德国曼海姆 | 400 V | 包含六台光伏发电单元,共 30 kWp;计划继续安装数台微型燃气轮机。将对基于代理的分散控制进行测试,并进行社会、经济效益评估 | MVV Energie |
| EDP's Microgeneration facility | 葡萄牙 | 400 V | 具有 80 kW 微型燃气轮机,多余电力可送往 10 kV 中压网,或供当地低压农村电网(3.45~41.5 kVA),既可并网运行也可孤网运行。EDP 微电网主要对微型燃气轮机的运行特性,联网和孤岛模式之间的切换,切负荷控制策略展开研究 | EDP |

| 项目名称 | 位置 | 电压等级 | 系统构成 | 资助和运行机构 |
|---|---|---|---|---|
| Bornholm Microgrid | 丹麦 Bornholm 岛 | 60 kV | 包括 39 MW 的柴油机，39 MW 的汽轮机，37 MW 的热电联产以及 30 MW 的风力发电机，为岛内的 28 000 户居民提供电力供应（峰值负荷为 55 MW） | ELTRA |

### 1.3.3 日本

日本微电网发展立足于解决国内能源日益紧缺、负荷日益增长等问题。微电网研究和试点定位于解决能源供给多样化、减少污染、满足用户的个性化电力需求。

日本微电网技术的应用研究由新能源与工业技术发展组织（New Energy and Industrial Technology Development Organization，NEDO）主导，协调高校、科研机构和企业开展。

NEDO 组织启动了数个微电网示范工程，并进行了大量实验，这些试验的焦点是可再生能源和当地配电系统的整合。

NEDO 在微电网研究方面已取得了很多成果，在 2003 年的"Regional Power Grid with Renewable Energy Resources Project"项目中，开展了多个微电网试点项目的建设。其中，在青森县、爱知和京都开展 3 个微电网测试平台建设，基于测试平台着重研究清洁能源接入本地配电网的技术和管理问题。

知名商业建筑公司清水建设（SHIMIZU）与东京大学合作，利用位于东京研究中心的试验系统进行电网控制系统的研究。

东京天然气公司和东京大学合作，进行仿真研究，并利用位于 Yokohama 的试验装置进行试验验证，开发一套复合可再生电源控制系统。

积水化学工业株式会社（SEKISUI）推出了完全依赖分布式电源供电的智能屋，并致力于开发下一代智能屋，除安装分布式发电系统以外，还将装备清晰显示电力使用情况信息的 NEC 系统。

日本典型的微电网试点工程如表 1-5 所示。

表 1-5　日本典型微电网试点工程

| 项目名称 | 位置 | 电压等级 | 系统构成 | 资助和运行机构 |
|---|---|---|---|---|
| 爱知微电网 | 2005 年应用于爱知世博会，2006 年迁至名古屋市附近机场 | 200 V | 电源主要为燃料电池：270 kW 和 300 kW 熔融碳酸盐燃料电池，25 kW 固体氧化物燃料电池，4 个 200 kW 磷酸燃料电池；330 kW 光伏；铅酸蓄电池储能。试验目标是 10 min 内供需不平衡控制在 3%以内，于 2007 年 9 月进行了第二次孤网运行实验 | NEDO |
| Kyotango project | 京都 | 200 V | 5×80 kW 沼气电池组，250 kW MCFC，100 kW 铅酸蓄电池。较远的地区配有 50 kW 光伏系统和 50 kW 小型风机。该系统的控制中心能够在 5 min 内将供需不平衡控制在 3%以内 | NEDO |

| 项目名称 | 位置 | 电压等级 | 系统构成 | 资助和运行机构 |
|---|---|---|---|---|
| Hachinohe project | 青森县八户市 | 200 V | 污水处理厂配有3个170 kW以沼气为原料的燃气轮机，50 kW光伏，发出电力通过5 km的私营配线输送到4个学校、水利局办公楼和市政办公楼。学校内也有小型风机和光伏发电。研究目标是6 min内供需不平衡控制在3%以内，在2007年11月孤网运行一周 | NEDO |
| Sendai system | 宫城县仙台市 | 6.6 kV | 2个350 kW燃气轮机，一个250 kW熔融碳酸盐燃料电池，不同的电能质量要求的负荷及相应的补偿设备。可以提供不同等级的电能质量，2007年夏天开始运行 | NEDO |
| Shimizu microgrid | 清水县 | 6.6 kV | 包含4台燃气轮机（22 kW、27 kW、90 kW和350 kW）、10 kW光伏系统、20 kW铅酸蓄电池、400 kW·h镍氢蓄电池和100 kW超级电容。开发了负荷跟踪、优化调度、负荷预测、热电联产四套控制软件，要求控制微电网与公共电网连接节点处的功率恒定 | 清水建设 |
| Tokyo Gas microgrid | 横滨 | 200 V | 共100 kW，包括燃气轮机、热电联产、光伏发电、风力发电和蓄电池储能。保证微电网电力供需平衡，实现本地电压控制、高质量电能供给 | 东京燃气公司 |

### 1.3.4　中国

目前，国内电力公司和很多高校、研究机构都关注微电网领域研究，在国家"973"、"863"计划的支持下开展了一些研究工作，取得了一些研究成果。

国家电网公司自2009年开始开展了分布式能源对电网企业影响、微电网接入对大电网的影响、微电网技术体系、微电网保护与接地关键技术、微电网建模技术等研究。同时，2010年以来，国家电网公司结合坚强智能电网建设工作的推进，开展了多个微电网试点工程的建设。

中国电力科学研究院新能源所分别在张北、南京建有分布式发电及微电网实验平台，为分布式电源及微电网并网技术研究提供了良好的试验条件。同时开发了分布式发电功率预测系统、储能变流器、微电网并网保护装置、微电网协调控制及能量管理系统等关键装备，并在河北承德、青海无电农牧地区、江苏、新疆等多个微电网示范工程中开展了集成技术及关键装备的试点应用。

清华大学与TOSHIBA、AREVA等国际知名电力设备生产企业合作，开展微电网分析与控制方面的研究，主要包括微电网数学模型、微电网仿真分析计算方法、微电网运行控制策略等，并利用清华大学电机系电力系统及发电设备安全控制和仿真国家重点实验室的硬件条件，建设包含可再生能源发电、储能设备和负荷的微电网试验平台。

天津大学是国内较早开展分布式发电与微电网技术研究的高校，集中对微电网建模、微电网控制方法进行了研究。在国家重点基础研究发展计划（973计划）和国家高技术发展计划（863计划）等国家项目的支持下，天津大学开展了微电网（分布式电源）规划设计，包含分布式电源的配电网运行控制保护、微电网运行管理等方面的研究工作，以微电网及其所接入的主电网为研究对象，以保证微电网与主电网的安全稳定，以经济高效运行为目标，重点针对"高渗透率微电网的复杂动态行为及安全高效运行理论"这一科学问题开展研究工作，而且建设了微电网实验室。

合肥工业大学通过与加拿大新布伦瑞克大学合作研究，建立了多能源发电微电网实验平台，进行了微电网的优化设计、控制及调度策略等研究。该微电网实验平台采用分层控制结构，系统控制器包含一个微电网中心控制器和两层本地控制器，并基于IEC61970标准开发了微电网系统能量管理软件。

西安交通大学在863计划和国家自然科学基金的支持下，研究了微电网的电力电子装置拓扑与控制技术，开发了基于PSCAD的微电网快速仿真平台，在逆变器下垂控制、多个逆变器无线互联稳定性等方面进行了仿真研究。

在863计划、中科院创新工程、国家自然科学基金等支持下，中国科学院电工研究所在分布式发电及微电网技术和先进储能技术方面做了大量的研究工作，主要包括建立微电网数学模型，进行系统稳态、动态的分析，对微电网内分布式发电控制方法、微电网无缝切换、微电网自治运行的控制管理策略等进行了大量研究和实验，开发了分布式电源数据采集和管理终端系统及微电网管理软件，并建设了微电网实验系统。

国内建成和在建的部分微电网示范系统如表1-6所示。

表1-6  国内典型微电网试点工程

| 项目名称 | 地址 | 电压等级 | 系统构成 |
|---|---|---|---|
| 河南郑州财专光储微电网试点工程 | 河南财政税务高等专科学校 | 380 V | 配置520 kW的光伏发电，200 kW/200 kW·h的锂电池储能。属于屋顶光伏发电项目，实现并转离、离转并的平稳切换 |
| 天津中新生态城智能营业厅微电网试点工程 | 天津中新生态城智能营业厅 | 380 V | 配置30 kWp光伏、5 kW风电和25 kW×2h锂电池，共50 kW |
| 蒙东陈巴尔虎旗赫尔洪德移民村微电网工程 | 陈巴尔虎旗赫尔洪德移民村 | 380 V | 选取24户居民和挤奶站作为微电网负荷，配置30 kWp光伏、20 kW风电和42 kW·1 h锂离子电池，既可独立运行，也可并网运行 |
| 陕西世园会微电网试点工程 | 陕西世园会 | 380 V | 在世园会电动汽车充电站顶棚安装光伏发电系统50 kWp（单晶硅光伏组件），风力发电系统12 kW（6台2 kW风机），磷酸铁锂储能系统25 kW/50 kW·h，接入电动汽车充电站380 V主配电室，并网运行 |

| 项目名称 | 地址 | 电压等级 | 系统构成 |
|---|---|---|---|
| 河北承德围场县御道口村庄微电网试点工程 | 河北承德围场县御道口乡 | 380 V | 配置了 50 kW 光伏发电、60 kW 风力发电、80 kW/128 kW·h 储能。项目有效利用农村可再生清洁能源，就地解决农村地区可靠用电问题，并建设了一套免维护的小型微电网控制后台，接入承德供电公司的调度自动化系统，实现对微电网系统的运行监控、用电信息采集、配电设备监视等相关应用功能。 |
| 浙江分布式发电/储能及微电网接入控制试点工程 | 浙江省电力试验院 | 380 V | 配置了 60 kWp 光伏发电，2 台 5 kW 小型直驱式风力发电系统，30 kW 双馈风力发电模拟系统，250 kW 柴油发电机系统，60 kW/60 kW·h 的蓄电池组，250 kW 飞轮储能系统，以及多个模拟负载柜 |
| 北京左安门微电网试点工程 | 左安门公寓 | 380 V | 智能用电小区试点展示项目的组成部分，系统配置 50 kWp 光伏、30 kW 三联供机组和 72 kWh 铅酸电池，既可独立运行，也可并网运行 |
| 广东佛山冷热电联供微电网系统 | 广东佛山 | 380 V | 系统配置 3 台冷热电三联供燃气轮机，总发电量 570 kW，最大制冷量 1081 kW |
| 东澳岛风光柴蓄微电网 | 广东珠海 | 10 kV | 该微电网只能独立运行，包括 1.04 MWp 光伏、50 kW 风力发电、1220 kW 柴油机、2000 kW·h 铅酸蓄电池和智能控制，多级电网的安全快速切入或切出，实现了微能源与负荷一体化，清洁能源的接入和运行，还拥有本地和远程的能源控制系统 |
| 浙江东福山岛风光储柴及海水淡化综合系统 | 浙江东福山岛 | 380 V | 采用可再生清洁能源为主电源，柴油发电为辅的供电模式，为岛上居民负荷和一套日处理 50 t 的海水淡化系统供电。工程配置 100 kWp 光伏、210 kW 风电、200 kW 柴油机和 960 kW·h 蓄电池，总装机容量 510 kW |
| 河北廊坊新奥未来生态城微电网 | 河北廊坊 | 380 V | 微电网以生态城智能大厦为依托，是生态城多能源综合利用的基础试验平台，装机规模 250 kW。配置 100 kWp 光伏、2 kW 风电、150 kW 三联供机组和 100 kW×4 h 锂离子电池，接入 0.4 kV 电压等级，既可独立运行，也可并网运行 |
| 扬州经济开发区智能电网综合示范工程分布式电源接入及微电网 | 扬州晶澳公司 | 10 kV | 配置 1.1 MWp 的屋顶光伏系统，储能装置采用 250 kW/500 kW·h 铁锂电池，工厂最大负荷 25 MW，最小负荷 15 MW，可实现与公用配电网并网、离网的灵活切换 |
| 浙江南麂岛微电网 863 示范工程 | 浙江南麂岛 | 10 kV | 离网型微电网，包括风电 1000 kW，光伏发电 525 kW，柴油发电机 1600 kW，储能系统 2500 kW，拟与规划的电动汽车充电站共用储能系统 |

| 项目名称 | 地址 | 电压等级 | 系统构成 |
|---|---|---|---|
| 浙江鹿西岛微电网863示范工程 | 浙江鹿西岛 | 10 kV | 并网型微电网,包括风电1560 kW、光伏300 kWp、储能系统1500 kW |
| 国网电科院实验验证中心光储微电网 | 国网电科院实验验证中心 | 380 V | 包括单晶、多晶、薄膜、单轴跟踪、双轴跟踪、聚光六种发电形式总容量130 kWp的屋顶光伏发电,100 kW/60 kW·h铁锂储能和20 kW/40 kW·h全钒液流储能,与验证中心照明组成微电网系统运行,是分布式发电与微电网的示范工程 |
| 阳康乡无电农牧地区风光储互补微电网供电工程 | 青海省天峻县 | 380 V | 包括20 kW风力发电单元、30 kWp光伏发电单元、100 kW/864 kW·h铅酸电池储能单元、约80 kW系统峰值负荷,构成离网型分布式微电网系统,为乡政府及周围居民供电 |
| 江苏电科院微电网实验平台 | 江苏电科院 | 380 V | 包含10 kW风机模拟发电单元、30 kWp光伏发电单元、30 kW柴油机模拟发电单元、100 kW/75 kW·h锂电池储能单元等各类分布式电源,同时配置了模拟电网、模拟线路和可控负载等微电网实验设备 |
| 冀北电科院分布式光储协调控制微电网试验平台 | 冀北电科院 | 380 V | 包括30 kWp分布式光伏发电、30 kW/75 kW·h能量型铁锂电池储能系统、40 kW/50 kVA功率型超级电容储能系统、大楼内照明和空调负荷,另外还配置了模拟负荷等试验仿真接口 |
| 新疆电科院风光储微电网示范系统 | 新疆电科院 | 380 V | 工程包括10 kWp单晶硅、10 kWp多晶硅和10 kWp非晶硅三种类型光伏发电单元、20 kW小型风力发电单元、30 kW·h锂电池储能单元以及办公负荷等内容,构成风光储微电网系统 |
| 兰州新区分布式电网试验研究工程 | 甘肃电科院 | 380 V | 包括30 kWp屋顶光伏发电系统以及储能发电系统、可调模拟负载、线路阻抗模拟、光伏模拟器、风电模拟器等,主要通过这些模拟器实现微电网仿真平台控制策略研究、多种能源管理控制研究等 |
| 青海电科院风光水储微电网实验室 | 青海电科院 | 10 kV | 项目包括980 kWp的光伏发电、1.5 MW风力发电机、1 MW水电模拟系统、500 kW/2000 kW·h的新型铅酸电池、100 kW/200 kW·h的铁锂电池及125 kW/500 kW·h的液流电池,500 kW的电子式模拟负荷装置 |
| 上海电力大学风光储微电网项目 | 上海电力大学 | 380 V | 项目内容包括小型风机、屋顶光伏、多类型复合储能、智能充电站、模拟柴油发电机、变配电系统、测控保护、监控系统等微电网前沿技术,是一个功能全面、技术领先、特色鲜明的微电网综合示范与研发平台 |

| 项目名称 | 地址 | 电压等级 | 系统构成 |
|---|---|---|---|
| 江苏方程清洁友好型风光储发电微电网系统 | 江苏方程电力科技有限公司 | 380 V | 系统由光伏、风电、储能、有源滤波、微电网能量管理系统等组成,实现分布式发电的平稳接入大电网,具备并网和离网运行能力,并且并离网切换平滑稳定,充分体现了微电网"微型、清洁、自治、友好"的基本特征 |
| 江苏华富风光储智能微电网 | 江苏华富储能新技术股份有限公司 | 380 V | 分布式电源包含 38.4 kW 光伏发电、3×1 kW 风力发电及 50 kW/240 kW·h 储能单元,组成微电网系统,储能单元安装在集装箱内,具有良好的移动特性。 |

## 1.4 微电网发展前景与挑战

### 1.4.1 发展前景

微电网已成为一些发达国家解决电力系统众多问题的一个重要辅助手段。从全球看,微电网技术已经经历了近二十年的探索和研究,逐步进入了试点运行阶段,市场规模稳步成长。世界各地的政府、主要能源公司和电力公司等都计及主导或参与到微电网投资和建设中。我国各级政府也逐步出台了一些支持性政策,加大了推动微电网研究、建设的力度。

1)微电网迎来发展良机

我国政府对微电网发展日趋重视,2010 年之前国内相关的法律法规主要集中于对可再生能源的支持,出台了一系列相关政策措施,而对基于可再生能源的分布式发电和微电网技术的支持则主要通过科技项目资助。2015 年,我国发布了《关于进一步深化电力体制改革的若干意见》,提出要促进电力行业结构调整与产业升级,建立多元化的电力市场体系并结合新能源的使用,提高电力服务水平,推动电力行业的快速发展,将建立分布式电源发展的新机制,并开展微电网项目建设。从这个时期开始,国家政策的支持大大提高了中国微电网行业的发展速度。2017 年 7 月,中国发改委与国家能源局联合颁布了《推进并网型微电网建设试行办法》,提出要推进电力体制的改革,发展微电网与新能源的结合使用模式,促进微电网健康有序发展,建立集中与分布式协同,多元融合,多能互补的高效能源生产与消费体系。2021 年,国务院《关于完整准确全面贯彻新发展理念做好碳达峰碳中和工作的意见》指出"坚持集中式与分布式并举,优先推动风能太阳能就地就近开发利用"、"推进电网体制改革,明确以消纳可再生能源为主体的增量配电网、微电网和分布式电源的市场主体地位"。在国家政策的强力推动下,基于国际、国内微电网技术的研究成果,我国微电网未来将拥有巨大的发展空间。

同时,微电网也是新一轮电力体制改革之后的新业态,是电网配售侧向社会主体放开的一种具体方式。因此售电的放开,使得微电网的经营不再仅属于电网企业,其投资主体将更多元化,从而为微电网带来发展契机。

2)微电网市场作用明显

当前,我国微电网项目建设重心已经从高校、科研机构等以科研为目的的项目,逐步转向了企业建设、政府企业合作的以探索微网运营管理体制为主要目的的示范性项目。这些示范性工程主要集中在三个领域：偏远地区、海岛以及城市微电网。

（1）解决大电网联系薄弱，供电能力不足的偏远地区供电问题。

我国幅员辽阔，对于经济欠发达的农牧地区、偏远山区以及海岛等地区，与大电网联系薄弱，大电网供电投资规模大、供电能力不足且可靠性较低，部分地区甚至大电网难以覆盖，要形成一定规模的、强大的集中式供配电网需要巨额的投资，且因电量需求较小，整体很不经济。在这些偏远地区，因地制宜地发展小风力发电、太阳能发电、小水电等分布式可再生能源，应用微电网技术，则可弥补大电网集中式供电的局限性，解决这些地区的缺电和无电问题。

（2）解决高渗透率分布式可再生能源的接入和消纳问题。

分布式电源的接入改变了配电网原先单一、辐射状的网络结构，其大规模应用将对电网规划、控制保护、供电安全、电能质量、调度管理等方面带来诸多影响，高渗透率分布式可再生能源的接入增加了配电网调度与运行管理的复杂性。同时随着分布式电源渗透率越来越高，如何确保这些分布式能源的全额消纳逐渐成为难题。微电网技术的应用，可以利用储能、协调控制将多个分散、不可控的分布式发电和负荷组成一个可控的单一整体，大大降低分布式发电大规模接入对大电网的冲击，有效缓解配电网的压力。

（3）优化配电网运行，提高供电质量和能力。

电力市场的不断完善迫使电力企业以效益为目标，把工作重心转移到效率管理、降低成本和为用户提供优质服务上。多能互补梯级利用的微电网技术可以用于为城市工业区及人口居住密集区提供冷、热、电等多类型能源，从而有效提高能源综合利用效率。同时，微电网技术可以提高配电供电可靠性，满足多种电能质量需求。微电网能够实时监测电网的运行状态。如果电网发生失步、低压、振荡等异常情况，微电网能够迅速从公共连接点解列进入离网运行状态，从而保证内部负荷的供电不受影响。因此微电网能够满足不同用户的电能质量需求。根据用户对供电质量需求的不同，微电网将负荷分级，如重要负荷、可中断负荷和可调节负荷。对于重要负荷，微电网可通过多电源向其供电；对于可中断负荷，微电网可将其连接在同一条电力馈线上。当微电网遭受异常情况时，为了保障重要负荷的不间断供电，微电网可通过切除连接可中断负荷的馈线来维持自身的正常运行。因此，微电网可以对重要用户提供优质的电力服务，满足多样化的电能质量需求。

（4）提高电网抗灾及灾后应急供电能力。

2008年我国先后遭受了两起重大自然灾害，造成电力设施大面积损毁，给经济发展和群众生活造成严重影响。国家发改委、国家电力监管委员会在《关于加强电力系统抗灾能力建设的若干意见》中提出：电源建设要与区域电力需求相适应，分散布局，就近供电，分级接入电网。鼓励以清洁高效为前提，因地制宜、有序开发建设小型水力、风力、太阳能、生物质能等电站，适当加强分布式电站规划建设，提高就地供电能力。微电网为提高电网整体抗灾能力和灾后应急供电能力提供了一种新思路。作为电网的一种补充形式，在特殊情况下（例如发生地震、暴风雪、洪水、飓风等意外灾害情况），微电网可作为备用电源向受端电网提供支撑。紧急情况下，微电网可以及时提供有功功率或无功功率支持，维持电网的稳定性；同时，微电网可以迅速与电网解列形成离网运行，从而保证政府、医院、广播电视、通信、交通枢纽等重要用户的不间断供电；微电网具有自启动的能力，在自然灾害多发地区，通过组建不同形式和规模的微电网，在发生灾害后迅速就地恢复对重要负荷的供电。

### 3）微电网技术逐渐成熟

微电网领域主要涉及新型电力电子技术、分布式发电技术、储能技术、冷热单联产技术、安全保护技术、运行控制及能量管理技术、监控技术等，近年来，随着这些技术的不断发展，微电网技术的研发和应用也进入高速发展期。光伏、风能等新能源的投资建设成本、发电成本、储能成本在不断下降，微电网的控制技术在不断提高，微电网的运行稳定性、经济性逐步提高，从技术角度为新能源微电网广泛接入提供了可能性。

## 1.4.2 面临的挑战

当前，微电网项目发展前景大好，然而在实际操作中仍然面临着多方面的严峻挑战。

### 1. 技术挑战

根据微电网的特殊需求，需要研究使用电力电子技术、计算机控制技术、通信技术以及一些新型的电力电子设备，这些技术及设备的成熟度、可靠度、经济性尚需进一步考验。而事实上由于技术门槛相对较低，各种针对分布式电源和微电网接入、控制及保护方面的产品层出不穷，功能、性能千差万别，而在相关技术的研究方面却不够深入，这并不利于微电网的技术发展。

首先，大量新能源发电以微电网的形式接入到配电系统中，相互作用的机理十分复杂，对原有配电网系统的稳定性构成了一定的挑战。目前国内在高渗透下的微电网与外部配电网相互作用机理的技术研究这一方面还是以理论为主，实践方面还有诸多不足。

其次就是储能技术在微电网系统中的应用，储能环节最大的技术难题来源于不同的储能系统对于微电网外部的扰动所展现的响应特性不一样。

再者就是含有新能源微电网系统的配电系统的保护以及微电网协调控制技术，故障后电气量的复杂程度上以及检测方法上都与传统的配电网系统有非常大的差异。这些差异对于新能源微电网协调控制提出了新的要求，对于故障定位或者切除故障，确保主网安全运行也是新的技术难题。

其他方面，比如微电网电能质量问题、系统仿真分析、微电网建设规划等，都存在着技术方面的不足。因此，微电网技术的市场化和大规模应用还需要经历一个较长的过程。

### 2. 政策和机制挑战

我国微电网的盈利机制尚不明确，导致微电网配套法规、标准规范、运行监管和审查体系的缺失，这对微电网未来发展影响很大。

首先，微电网相关的法规仍待完善。近些年来，关于个人（家庭）发电并网、微电网售电等相关法规、制度已逐步建立，微电网建设、运营有法可依、有规可循。但是在某些领域，比如微电网参与电力现货市场的机制尚未完善，一些潜在的微电网投资、运营方可能因此而继续持观望态度。

其次，微电网投资和建设的秩序还缺少国家有关部门的监管。目前，微电网项目审批流程非常复杂，如果申请并网，程序更加复杂，不利于推动微电网的建设。

此外，微电网标准制定虽初见雏形，但微电网设备制造、规划设计、建设、接入、运行等还没有明确的国家标准与规范，导致目前市面上微电网关键设备产品质量良莠不齐，工程建设质量没有统一的评估指标。标准及产品检测认证体系的滞后将影响微电网的市场化进程。

3. 经济性挑战

微电网建设的投资成本较高成为了制约微电网发展的主要因素。首先微电网控制系统价格不菲；其次微电网离网运行要求配置一定容量的储能系统，储能系统容量配置越大，效果越好，但储能系统建设投资成本也越高，而储能系统仅占到整个微电网控制系统成本的三分之一；最后，加上变配电设置和控制系统，以及后期的运营维护，都导致微电网成本居高不下。

微电网的运营，具有分散、技术维护要求高、投入产出欠佳等特点，相比大电网，微电网项目面临融资困难、缺乏投资动力，建设与管理的经济效益不明确等特殊问题。微电网的经济效益评估和量化是微电网吸引力的最直接表达，但目前并未建立有效方法将微电网对用户、电力部门及社会的效益全面量化。随着微电网研究的深入与成熟，微电网经济效益的不确定性必将成为阻碍其发展的重要因素。

## 参考文献

[ 1 ] 周邺飞, 赫卫国, 汪春, 等. 微电网运行与控制技术[M]. 北京: 中国水利水电出版社, 2017.

[ 2 ] 李琼慧, 黄碧斌, 蒋莉萍. 国内外分布式电源定义及发展现况对比分析[J]. 中国能源, 2012, 34(8): 31-34.

[ 3 ] GAUNTLETT D, LAWRENCE M. Global Distributed Generation Deployment Forecast [EB/OL]. [2014-02-08]. http://www.navigantresearch.com/research/global-distributed-generation-deployment-forecast.

[ 4 ] 时珊珊, 鲁宗相, 周双喜, 等. 中国微电网的特点和发展方向[J]. 中国电力, 2009, 42(7), 21-25.

[ 5 ] LASSETER R H. Microgrids, January 27-31, 2002[C]. New York: IEEE, 2002.

[ 6 ] LASSETTER R, AKHIL A, MARNAY C, et al. Integration of distributed energy resources: the CERTS microgrid concept[R/OL]. [2002-04-11]. http:// certs.lbl.gov/certs-der-pubs.html.

[ 7 ] UNION E. Strategic research agenda for Europe'S Electricity Networks of the Future [EB/OL]. [2007-05-01]. http://www.sm.-Artgrids.eu/documents/sra/sra_final version.pdf.

[ 8 ] CHOWDHURY S, CHOWDHURY S P, CROSSLEY P. Microgrids and Active Distribution Networks[M]// London: The Institution of Engineering and Technology, c2009: 3-33.

[ 9 ] NIKOS H. Advanced Architectures and Control Concepts for More Microgrids[EB/OL]. [2006-01-22]. http://www.microgrids.eu/index.php?page=index.

[10] BARNES M, KONDOH J, ASANO H, et al. Real-World MicroGrids-an Overview[M]. San Antonio: IEEE, 2007.

[11] STEVEBS J. Development of sources and a testbed for CERTS microgrid testing[C]//Power Engineering Society General Meeting, June 06-10, 2004. Denver: IEEE, 2005: 2032-2033.

[12] FUNABSHI T, YOKOYAMA R. Microgrid field test experiences in Japan[C]//2006 IEEE Power Engineering Society General Meeting, June 18-22, 2006. Montreal: IEEE, 2006: 21-25.

# 第2章

# 储能技术分类

## 2.1 机械类储能技术

### 2.1.1 抽水蓄能

#### 2.1.1.1 工作原理

抽水蓄能（Pumped Hydrogen Storage，PHS）是指具有上下水库，以一定的水量为能量载体，通过势能与电能的转换，向电力系统提供电能的一种特殊形式的水力发电系统。抽水蓄能的工作原理如图 2-1 所示，在电力系统负荷低谷时，抽水蓄能机组作水泵工况运行，将下水库的水抽至上水库，将电能转化成上水库水的势能储存起来；在电力系统用电高峰时，抽水蓄能机组作水轮机工况运行，将上水库的水用于发电，满足系统调峰需要。

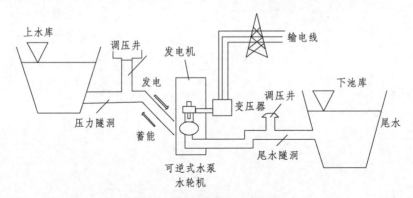

图 2-1　抽水蓄能的工作原理

抽水蓄能电站运行灵活、反应迅速、寿命可长达 30 ~ 40 年，是目前技术最成熟、应用最广泛的大规模储能技术。在单机容量方面，抽水蓄能电站具有很大的灵活性，理论上只要上游水库足够大，其电能储存容量就可以足够大，同时储存能量的释放时间可从几小时到几天不等，并具有一定范围的可控性。在综合效率方面，由于运行过程中的输水系统和机电设备都有一定的能量损耗，抽水蓄能电站的综合效率为 75% ~ 80%。但是，抽水蓄能电站一般都建在远离电力负荷的山区，必须建设长距离的输电系统，建设工期长、工程投资大。另外，抽水蓄能电站的电价机制不够科学，投资运营主体单一等问题将制约其发展。

### 2.1.1.2 技术分类

按有无天然径流来源，抽水蓄能电站可分为纯抽水蓄能电站和混合式抽水蓄能电站。

（1）纯抽水蓄能电站。纯抽水蓄能电站的上水库没有或只有很少的天然径流来源，需将水由下水库抽到上水库储存，运行所需的水在上、下水库间循环使用，抽水和发电的水量相等，仅需补充蒸发和渗漏损失，如图2-2所示。纯抽水蓄能电站的水库一般通过利用已建的水库、湖泊为上水库或下水库降低工程量及投资，如中国已建的北京十三陵抽水蓄能电站的下水库是利用已建的十三陵水库。厂房内安装的全部是抽水蓄能机组，主要承担调峰填谷、事故备用等任务，而不承担常规发电等任务。因此，纯抽水蓄能电站不能作为独立电源，必须配合电网中的其他电源协调运行。

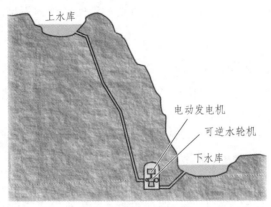

图 2-2　纯抽水蓄能电站

（2）混合式抽水蓄能电站。混合式抽水蓄能电站的上水库有天然径流来源，下水库按抽水蓄能需要的容积在河道下游修建，并在下水库出口建筑一个小坝，以保证下水库的库容。在混合式抽水蓄能电站内，既安装有常规水轮发电机组，利用江河径流发电，承担常规发电和水能综合利用等任务；又安装有抽水蓄能机组，可从下水库抽水蓄能，承担调峰填谷、事故备用等任务，如图2-3所示。潘家口抽水蓄能电站是我国第一座实际意义上的大型混合式抽水蓄能电站。

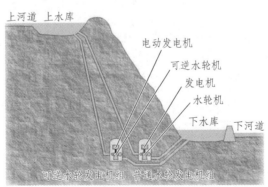

图 2-3　混合式抽水蓄能电站

按水库调节性能，抽水蓄能电站可分为日调节、周调节和季调节抽水蓄能电站。

（1）日调节抽水蓄能电站。调节周期以日为单位，水库水位在一昼夜内由高水位降至低水位，再回升到高水位。纯抽水蓄能电站大都为日调节抽水蓄能电站。

（2）周调节抽水蓄能电站。调节周期以周为单位，调节库容比同容量的日调节水库大，水库水位由周初开始变化至周末再回升到原水位。在 1 周的 5 个工作日中，抽水蓄能机组同日调节抽水蓄能电站一样工作，但每天的发电用水量大于蓄水量，在工作日结束时上水库放空；在双休日期间由于系统负荷降低，利用多余电能进行大量蓄水，至周一早上上水库蓄满。周调节抽水蓄能电站的库容要满足电站一周之内在电力系统中承担调峰、填谷运行需要的总水量。

（3）季调节抽水蓄能电站。调节周期以季为单位，上下水库所需的库容较大，常为混合式抽水蓄能电站。在每年汛期利用水电站的季节性电能作为抽水能源，将水电站的多余水量抽到上水库蓄存起来；在枯水季内放水发电，以增补天然径流的不足。

### 2.1.1.3　技术难点

抽水蓄能机组由于双向运行、工况转换复杂、运行水头高、设备转速快，因此设计和制造的难度远远高于常规水电机组。2003 年以后，我国逐步实现抽水蓄能电站机组及成套设备制造自主化。

（1）水泵水轮机。水泵水轮机是抽水蓄能电站最核心的设备，利用水泵抽水储能，又可以化身为水轮机拖动发电机发电。但是，水泵和水轮机的水力特性完全相反，由此带来正反向性能、效率与稳定性及发电电动机高转速和高损耗密度等系列难题。

（2）发电机。抽水蓄能发电机转子的运行转速是常规水电机组的 2 ~ 3 倍，且发电机转子频繁承受机组启停、正反转过程中交变负荷和冲击负荷。发电机转子需自动适应不同转速、不同工况的需要，保持恒定约束力，加强转子结构安全性。

（3）自动控制系统。抽水蓄能机组运行工况多、转换复杂，其控制系统模型和参数设计极其复杂，安全可靠性要求极高，已成为抽水蓄能领域的核心技术。目前，我国已具有完全自主知识产权的大型抽水蓄能电站计算机监控、励磁、调速和保护系统，已成功应用于安徽响水涧、福建仙游等抽水蓄能电站。

### 2.1.1.4　应用现状

国外抽水蓄能电站的技术发展相对成熟，主要用于电力系统的调峰填谷、调频、调相、紧急事故备用、黑启动和提供系统的备用容量，还可以提高火电站和核电站的运行效率，也能用于提高风能利用率和电网供电质量。截至 2021 年年底，全球已投运储能项目累计装机规模 209.4 GW。欧洲、美国、日本等发达国家的抽水蓄能电站装机比例达 5% ~ 10%。其中，日本是世界范围内抽水蓄能装机容量最大、占比最高（11.1%）的国家，主要配合核电运行，未来将以配合核电和新能源运行为主。

与欧美日等主要国家相比，我国抽水蓄能电站建设较晚，于 20 世纪 90 年代进入发展期，兴建了广州抽水蓄能电站、北京十三陵、浙江天荒坪等一批大型抽水蓄能电站，如图 2-4 所示。截至 2015 年年底，全国抽水蓄能电站已投产 28 座抽水蓄能电站，总装机约为 2400 万千瓦；在建 17 座抽水蓄能电站，总装机 2140 万千瓦；正在筹建 32 座抽水蓄能电站，总装机 4061

万千瓦。其中，已投运的最大单机容量为浙江仙居抽水蓄能电站，单机容量为37.5万千瓦，已建成河北丰宁抽水蓄能电站一二期装机规模为360万千瓦，建成后将成为全球最大装机规模的抽水蓄能电站。

（a）浙江天荒坪                    （b）河北丰宁

图2-4　浙江天荒坪抽水蓄能电站示意图

### 2.1.2　压缩空气储能

#### 2.1.2.1　工作原理

压缩空气储能（Compressed-Air Energy Storage，CAES）基于燃气轮机技术，由两个循环过程构成，分别是充气压缩循环和排气膨胀循环。传统压缩空气储能采用燃料补燃技术，其工作原理如图2-5所示。储能时，发电机驱动压缩机将空气压缩至高压并存储在储气室中；释能时，储气室中的高压空气进入燃气轮机，在燃烧室中与燃料混合燃烧，驱动燃气轮机做功，从而带动发电机对外输出电能。

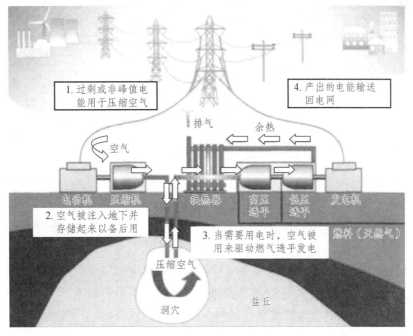

图2-5　传统压缩空气储能的工作原理

压缩空气储能是一种适合于 100 MW 级以上的大规模储能技术，仅次于抽水蓄能电站；可以持续工作数小时至数天，寿命周期可达 40～50 年；启动时间 5～10 min，比抽水蓄能稍慢。大型压缩空气储能电站的单位建造成本和运行成本低于抽水蓄能电站；系统效率为 50%～60%。但是，传统压缩空气储能传统的压缩空气储能系统不是一项独立的技术，必须同燃气轮机电站配套使用；而且由于采用燃料补燃，不仅存在污染排放问题，也存在对天然气等燃料的依赖，在一定程度上限制了其推广应用。

#### 2.1.2.2　技术分类

为解决传统压缩空气储能技术面临的主要问题，先后出现了先进绝热压缩空气储能、地面压缩空气储能、深冷液化空气储能、超临界压缩空气储能、与可再生能源耦合的压缩空气储能等。

（1）先进绝热压缩空气储能。先进绝热压缩空气储能采用回热技术，将储能时压缩过程中所产生的压缩热收集并存储，待系统释能时加热进透平的高压空气，系统理论效率可达70%。先进绝热压缩空气储能的系统规模与传统压缩空气类似，约 300 MW 级，其工作原理如图 2-6 所示。先进绝热压缩空气储能系统不仅消除了对燃料的依赖，实现了有害气体零排放，同时还可以利用压缩热和透平的低温排气对外供暖和供冷，进而实现冷热电三联供，实现了能量的综合利用，系统效率得到提高。

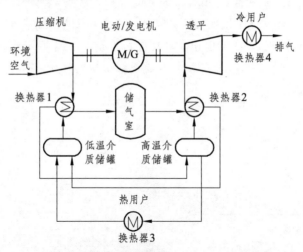

图 2-6　先进绝热压缩空气储能的工作原理

（2）地面压缩空气储能。地面压缩空气储能分为中型压缩空气储能和小型压缩空气储能，前者的系统规模一般在 10 MW 级，后者的系统规模一般在几千瓦到几十千瓦级。地面压缩空气储能利用地上高压容器储存压缩空气，突破了大型传统压缩空气电站对储气洞穴的依赖，具有更大的灵活性。

（3）深冷液化空气储能。深冷液化空气储能技术是将电能转化为液态空气的内能以实现能量存储的技术，由中国科学院工程热物理研究所和英国高瞻公司等单位共同研发。其工作原理如图 2-7 所示：储能时，电能将空气压缩、冷却并液化，同时存储该过程中释放的热能；释能时，液态空气被加压、汽化，推动汽轮机发电，同时存储该过程的冷能。

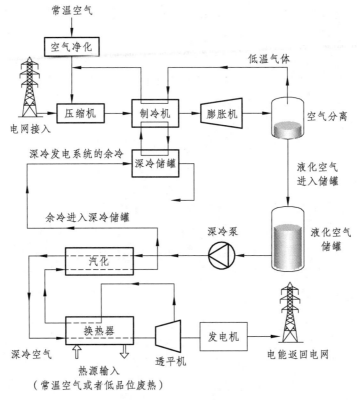

图 2-7 深冷液化压缩空气储能的工作原理

（4）超临界压缩空气储能。由于深冷液化空气储能系统效率较低，中国科学院工程热物理研究所在 2009 年首次提出并自主研发了超临界压缩空气储能系统。其工作原理如图 2-8 所示：储能时，采用电能将空气压缩至超临界状态，同时存储压缩热，并利用存储的冷能将超临界空气冷却液化存储；释能时，液化空气加压吸热至超临界状态，同时回收液化空气的冷能，超临界态的空气进一步吸收压缩热经膨胀机做功发电。

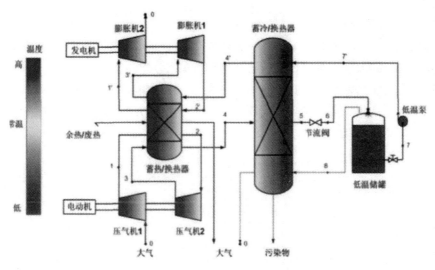

图 2-8 超临界压缩空气储能系统

（5）与可再生能源耦合的先进绝热压缩空气储能。先进绝热压缩空气储能与可再生能源耦合可以为可再生能源大规模并网发电提供有效的解决方案。通过太阳能槽式集热和高温储热技术，利用太阳能提高透平进口空气的初参数，从而提升系统的做功能力和电站的储能效率。太阳能光热复合技术使非补燃压缩空气储能摆脱了对高温压缩机的依赖，降低了设备的加工制造难度，同时也提高了太阳能的利用效率。2016 年，清华大学在青海省西宁市开展了相关示范系统的建设和试运行。

### 2.1.2.3　技术难点

压缩空气储能系统划分为压缩、储气、储热、膨胀发电四个过程，其相应的关键技术为高效压缩机技术、储气技术、储热技术和膨胀机（透平）技术。

（1）高效压缩机技术。作为储能过程中的核心部件，压缩机具有流量大、效率高、压比高、背压变化大等特点。目前，大型压缩空气储能电站多采用低压端轴流压缩机与高压端离心压缩机组成的多级压缩、级间冷却的工作模式，而对于先进绝热压缩空气储能系统，则要采用大压比、高温升的轴流或者离心压缩机，以满足较高的压缩排气温度。

（2）储气技术。压缩空气储能电站的容量和储气室的容积、压力密切相关。大型压缩空气储能电站的空气容量大、压力高，通常储气于地下盐矿、硬石岩洞或者多孔岩洞。地面压缩空气储能系统可以采用地上高压储气容器，摆脱对储气洞穴的依赖。

（3）储热技术。储热技术是先进绝热压缩空气储能的关键技术，储能材料应该具有较大的比热容、宽广的温度范围、对环境友好等特点。储热技术对系统的储能效率影响极大，储热温度越高，系统的储能效率也越高。对于高温的储热系统可以选用导热油、熔融盐等蓄热工质，采用太阳能光热发电技术中所常用的双罐布置方案。

（4）膨胀机技术。膨胀剂是释能过程中热功转换的核心部件，其效率直接决定了整个系统的储能效率。考虑到膨胀机的结构形式与燃气轮机的膨胀机类似，压缩空气储能常采用多级膨胀加中间再热的结构形式，膨胀比高于常规燃气轮机。

### 2.1.2.4　应用现状

目前，世界上已有较多的压缩空气储能电站投入运行，主要在德国、美国、日本和瑞士。但是，商业化运行的大型压缩空气储能电站仅有两座，分别是德国 Huntorf 电站（290 MW，后经改造提升至 321 MW）和美国 Alabama 州的 Mcintosh 电站（110 MW），如表 2-1 所示。这两座压缩空气储能电站采用地下洞穴作为储气空间，且均在发电环节采用天然气补燃的方式提高燃气轮机效率。

表 2-1　德国压缩空气储能电站建设情况表

| 投运时间 | 国别 | 电站名称 | 电站类型 | 储能容量 / （MW·h） | 发电功率 /MW | 储气空间 | 效率/% |
|---|---|---|---|---|---|---|---|
| 1978 | 德 | Huntorf | 补燃式 | 580 | 290 | 地下 600 m 洞穴 | 42 |
| 1991 | 美 | McIntosh | 补燃式 | 2860 | 110 | 地下 450 m 洞穴 | 54 |

近年来，国外压缩空气储能的研究又掀起一股热潮。德国最大的电力公司 RWE Power 于 2010 年开展绝热压缩技术研究，以期将系统效率提高至 70%。2011 年，美国的压缩空气储能技术公司 SustainX 在等温压缩空气储能技术方面取得重大进展。

国内，中国科学院工程热物理研究所于 2009 年开始研究超临界压缩空气储能技术，2013 年完成了对 1.5 MW 超临界压缩空气储能系统的示范工作，正在开展 10 兆瓦级超临界压缩空气储能系统的研发与示范工作。清华大学在 2014 年 11 月建成了世界上第一台 500 kW 先进绝热压缩空气动态模拟系统，并实现了储能发电。但总体上，国内大多集中在理论和小型实验层面，目前还没有投入商业运行的压缩空气储能电站。

### 2.1.3 飞轮储能

#### 2.1.3.1 工作原理

飞轮储能的基本原理是通过飞轮的加速和减速实现电能和高速旋转飞轮动能之间的相互转换。储能时，利用电动机带动飞轮高速旋转，将电能转换成机械能储存起来；释能时，飞轮减速，电动机作为发电机运行，将飞轮动能转换成电能。飞轮储能系统的基本结构如图 2-9 所示。

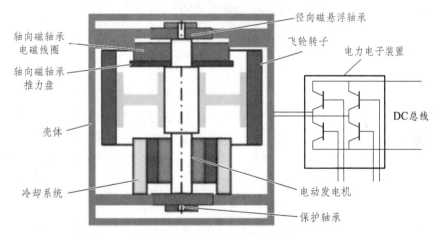

图 2-9　飞轮储能的基本结构

飞轮储能的优点是功率密度可达 8 kW/kg，在短时间内可以输出更多的能量；运行于真空度较高的环境中，摩擦损耗和风损耗小，能量转换效率可达 85% ~ 95%；无过充电或过放电问题，系统寿命只取决于飞轮材料的疲劳寿命和电子元器件的寿命，一般可达 20 年；对环境温度不敏感，温度范围为 -20 ~ 50℃；容易测量放电深度和剩余"电量"运行维护方便。缺点是能量密度较低，只可持续几秒到 15 min，自放电率高、抗震性和稳定性差。

#### 2.1.3.2 技术分类

按飞轮转子的旋转速度，飞轮储能可分为低速飞轮储能和高速飞轮储能。

（1）低速飞轮。低速飞轮储能的转子主要由优质钢制成，转子边缘线速度一般不会超过 100 m/s。低速飞轮储能可采用机械轴承、永磁轴承或者电磁轴承，整个系统功率密度较低，主要通过增加飞轮的质量来提高储能系统的功率和能量。

（2）高速飞轮储能。高速飞轮储能的转子主要采用玻璃纤维、碳纤维等，转子边缘线速度能够达到 50 000 r/min 以上。高速飞轮储能无法采用机械轴承，只能采用永磁、电磁或者超导类轴承。目前国外对永磁和电磁轴承的研究和应用已经比较成熟，最新的研究热点是基于超导磁悬浮的高速飞轮储能，如图 2-10 所示。

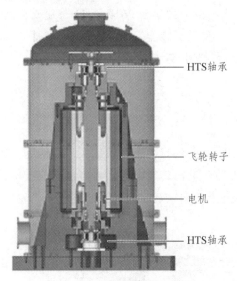

图 2-10　高温超导飞轮储能

### 2.1.3.3　技术难点

飞轮储能的技术难点包括飞轮转子材料、轴承系统、机电转换装置、真空保持四个方面。

（1）飞轮转子材料技术。飞轮储能系统能量密度、功率密度的提高主要依靠飞轮转速的提高，因此转子是飞轮储能最重要的环节。飞轮转子的结构设计必须在有限的体积或质量下提高转动惯量和角速度。目前，飞轮转子材料一般为不锈钢、玻璃纤维或碳纤维复合材料。飞轮形状主要采用多层空心圆柱状和环状，此外还有纺锤状、伞状等。

（2）轴承系统。飞轮储能无论处于充放电还是待机状态，飞轮都必须不停地高速旋转，因此减少轴承的摩擦损耗是提高飞轮储能效率和寿命的关键因素之一。飞轮储能采用磁悬浮轴承，可以提高系统效率和稳定性。

（3）机电转换装置。飞轮储能的电能转换装置，包括电动机/发电机和电子电力转换元件。飞轮储能的机电转换装置可以采用永磁无刷电机、感应电机、开关磁阻电机、同步磁阻电机等，其中永磁无刷电机在结构和功耗上有优势，目前采用得也比较多。电子电力转换装置具有调频、整流和恒压等功能。

（4）电动/发电机。电机在高速旋转时转子的离心力很大，当线速度达到 200 m/s 以上时，常规叠片转子难以承受高速旋转产生的离心力，需要采用特殊的高强度叠片或实心转子。目前对永磁电机的研究，主要集中在减小损耗和解决永磁体温度敏感性两个方面。

（5）真空保持。真空度是决定系统效率的主要因素之一，飞轮储能必须配备真空泵。目前，国际上真空度一般可达 $10^{-5}$ 数量级。提高真空度虽能降低风损，但散热功能减弱，导致转子温升较大，因此必须综合考虑。

#### 2.1.3.4　应用现状

全球飞轮储能技术的研究和开发主要集中在欧美地区，特别是美国，已形成系列化飞轮储能产品，并已出现商业化运行的项目。如美国 Beacon Power 在 Hazle 安装了 20 MW 飞轮储能，通过向当地电力市场提供调频辅助服务而获取收益。日本在高强度碳纤维材料、高温超导材料等方面具有很高的研究和制造水平，客观上为飞轮储能的发展提供了很好的技术支持。据中关村储能产业联盟（CNESA）不完全统计，截至 2021 年年底，飞轮储能装机容量约459.8 MW。

而我国在飞轮储能系统方面的研究起步较晚，主要集中在高等院校。电力储能用飞轮系统大部分还停留在实验室阶段，尚未有成熟的产品和示范应用。

## 2.2　电化学类储能技术

### 2.2.1　铅酸电池

#### 2.2.1.1　工作原理

铅酸电池主要由正极板、负极板、电解液、隔板、槽和盖等组成，其基本结构如图 2-11 所示。正极活性物质是二氧化铅 $PbO_2$，负极活性物质是海绵状金属铅 Pb，电解液是硫酸，开路电压为 2 V。

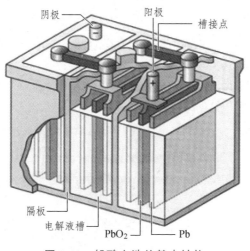

图 2-11　铅酸电池的基本结构

铅酸电池的正、负两极活性物质在电池放电后都转化为硫酸铅（$PbSO_4$），发生的电化学反应如下：

$$负极反应：Pb + HSO_4^- - 2e^- \longleftrightarrow PbSO_4 + H^+ \tag{2-1}$$

$$正极反应：PbO_2 + 3H^+ + HSO_4^- + 2e^- \longleftrightarrow PbSO_4 + 2H_2O \tag{2-2}$$

$$电池总反应：PbO_2 + Pb + 2H^+ + 2HSO_4^- \longleftrightarrow PbSO_4 + 2H_2O \tag{2-3}$$

在电池充电过程中，当正极板的荷电状态达到 70% 左右时，水开始分解：

$$2H_2O \longrightarrow O_2 + 4H^+ + 4e^-$$ （2-4）

铅酸电池单体的额定电压为 2 V。实际上，铅酸电池的开路电压与硫酸浓度存在着密切关系，而与铅、二氧化铅以及硫酸铅的量无关。铅酸电池在充电终止后，端电压很快下降至 2.3 V 左右，放电终止电压为 1.7 ~ 1.8 V，若再继续放电，将影响电池寿命。铅酸电池的使用温度范围为 -40 ~ 40 ℃，能量转换效率为 70% ~ 85%。

铅酸电池的优点：① 投资成本低；② 开路电压与放电深度基本呈线性关系，易于充放电控制；③ 单体容量从几十至几千安时，串并联后用于兆瓦级储能电站时安全可靠；④ 回收技术成熟，利用率高。

铅酸电池的缺点：① 比能量低，一般为 30 ~ 50 Wh/kg；② 循环寿命短，一般为 500 ~ 2000 次；充电速度慢，一般大于 4 小时；③ 生产过程中会产生含铅的重金属废水，且呈酸性，易产生污染。

#### 2.2.1.2 技术分类

根据电池结构、活性物质和工作原理，铅酸电池分为普通非密封富液铅蓄电池、阀控密封铅酸电池、铅炭电池等。普通铅酸电池使用寿命短、日常维护频繁、存在环保问题等，已逐步被淘汰。

（1）阀控密封铅酸电池。阀控密封铅酸电池的充放电电极反应机理和普通铅酸电池相同，但采用了氧复合技术和贫液技术，电池结构和工作原理发生了很大改变。采用氧复合技术，充电过程产生的氢和氧再化合成水返回电解液中；采用贫液技术，确保氧能快速、大量地移动到负极发生还原反应，提高了可充电电流。氧复合和贫液技术的使用，不仅改善了铅酸电池的效率、比功率、比能量，循环寿命等性能，还减少了维护成本。

（2）铅炭电池。图 2-12 是铅炭电池的结构示意图，它是将具有电容特性或高导电特性的炭材料（如活性炭、炭黑等）在合膏过程中直接加入到负极，提高铅活性物质的利用率，抑制硫酸盐化，具有循环寿命长和倍率放电性能好等特点。目前，铅炭电池的研究主要集中在炭材料的开发、铅炭配方设计以及电池结构优化三个方面。

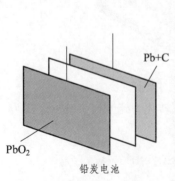
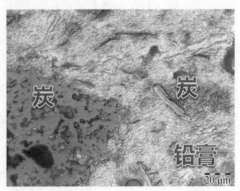

图 2-12　铅炭电池的结构示意图

### 2.2.1.3  技术难点

铅酸电池的应用瓶颈主要在能量密度和循环寿命，关键在于开发先进的新型铅酸电池技术，如铅炭电池。因此，需要明确炭的作用机理，提高析氢过电位和与铅活性物质的兼容性，有效防止电池失水，延长电池循环寿命；并实现低成本炭材料的批量化生产，有效降低铅炭电池成本。

另外，要进一步优化电池关键原材料的制备技术，改进电池结构设计和制造工艺，提升电池工况适用范围等。

### 2.2.1.4  应用现状

铅酸电池与其他电化学储能技术相比，具有明显的单位价格优势，再加上铅炭电池等改性铅酸电池技术的出现，在一定程度上提升了传统铅酸电池的循环寿命、转换效率等技术性能。据中关村储能产业联盟（CNESA）不完全统计，截至 2015 年底，全球共投运 54 个铅酸电池项目，累计装机规模约 111.1 MW，占全球电化学运行储能项目累计装机的 12%，主要用于可再生能源并网和分布式发电及微网领域，占比达到 89%。我国共投运 30 个铅酸电池项目，累积装机规模约 15.8 MW，占全球铅酸电池装机的 14%，主要用于分布式发电及微网领域，占比达到 94%。全球典型的铅酸电池储能项目如表 2-2 所示。

表 2-2  全球典型的铅酸电池储能项目

| 系统名称 | 位置 | 技术类型 | 额定功率/容量 | 作用 | 投运时间 |
|---|---|---|---|---|---|
| 鹿西岛并网型微网示范工程 | 浙江，温州 | 铅炭电池 | 2 MW/4 MWh | 促进分布式发电就地消纳、改善电能质量 | 2014 |
| 万山海岛新能源微电网示范项目 | 珠海，广东 | 铅炭电池 | 2.5 MW/8.4 MWh | 提高可再生能源利用率、平滑风光功率输出 | 2014 |
| 国家风光储输工程新能源微电网示范项目 | 张北，河北 | 铅炭电池 | 1 MW/6 MWh | 平滑风光功率输出、跟踪计划发电、削峰填谷、调频 | 2015 |
| 美国夏威夷 Kahuku 风电场储能项目 | 美国夏威夷 | 先进铅酸电池 | 15 MW/10 MWh | 控制爬坡率、平滑风力发电波动、提供电压支撑 | 2014 |

## 2.2.2  锂离子电池

### 2.2.2.1  工作原理

正极为钴酸锂（$LiCoO_2$）的锂离子电池工作原理如图 2-13 所示。锂离子电池采用嵌入和脱嵌的金属氧化物或硫化物作为正极，有机溶剂-无机盐体系作为电解质，碳材料作为负极。充电时，$Li^+$ 从正极脱出嵌入负极晶格，正极处于贫锂态；放电时，$Li^+$ 从负极脱出并插入正极，正极为富锂态。为保持电荷的平衡，充、放电过程中应有相同数量的电子经外电路传递，与 $Li^+$ 同时在正负极间迁移，使负极发生氧化还原反应，保持一定的电位。

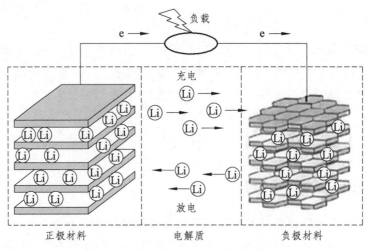

图 2-13 锂离子电池的工作原理

正极反应：放电时锂离子嵌入，充电时锂离子脱嵌。

$$LiCoO_2 \xrightleftharpoons{} Li_{1-x}CoO_2 + xLi^+ + xe^- \qquad (2-5)$$

负极反应：放电时锂离子脱嵌，充电时锂离子嵌入。

$$C + xLi^+ + xe^- \xrightleftharpoons{} CLi_x \qquad (2-6)$$

电池总反应

$$LiCoO_2 + C \xrightleftharpoons{} Li_{1-x}CoO_2 + CLi_x \qquad (2-7)$$

锂离子电池的优点：① 能量密度可达 150 ~ 200 Wh/kg，体积密度可达 250 ~ 530 Wh/L；② 开路电压高，可达 3.3 ~ 4.2 V；③ 输出功率大，300 ~ 1500 W/kg；④ 充电效率高，第 1 次循环后基本上为 100%；⑤ 充、放电速度快；⑥ 自放电低，小于 5%/月 ~ 10%/月；⑦ 使用寿命长，100% DOD 充放电可达 2000 次以上。

锂离子电池的缺点：① 成本高，但电池技术的不断发展有望降低制造成本；② 必须加装有保护电路以防止过充电或过放电；③ 工作温度范围限制在-20 ~ 60 ℃。

### 2.2.2.2 技术分类

#### 1. 正极材料分类

锂离子电池的能量密度、充放电倍率、安全性等关键指标主要受制于正极材料。锂离子电池正极材料的选择，主要基于以下几个因素考虑：

（1）具有较高的氧化还原反应电位，使锂离子电池达到较高的输出电压；

（2）锂元素含量高，材料堆积密度高，使得锂离子电池具有较高的能量密度；

（3）化学反应过程中的结构稳定性要好，使得锂离子电池具有长循环寿命；

（4）离子电导率要高，使得锂离子电池具有良好的充放电倍率性能；

（5）化学稳定性和热稳定性要好，不易分解和发热，使得锂离子电池具有良好的安全性；

（6）价格便宜，使得锂离子电池的成本足够低；

（7）制造工艺相对简单，便于大规模生产；

（8）对环境的污染低，易于回收利用。

根据正极材料划分，锂离子电池可分为钴酸锂、镍酸锂、锰酸锂、磷酸铁锂等，如表2-3所示。

表 2-3　锂离子电池的技术分类

| 正极材料 | 理论容量/（mAh/g） | 实际容量/（mAh/g） | 开路电压/V | 成本 | 安全性 | 循环次数/（100% DOD） |
|---|---|---|---|---|---|---|
| 钴酸锂（$LiCoO_2$） | 274 | 140～160 | 3.8 | 高 | 一般 | 300～500 |
| 镍酸锂（$LiNiO_2$） | 274 | 190～210 | 3.7 | 中 | 差 | >300 |
| 锰酸锂（$LiMn_2O_4$） | 148 | 90～120 | 4.0 | 低 | 好 | 100～200 |
| 磷酸铁锂（$LiFePO_4$） | 170 | 110～165 | 3.2 | 低 | 很好 | >2000 |

钴酸锂材料（$LiCoO_2$）的理论容量为 274 mAh/g，实际容量大于 140 mAh/g，开路电压为 3.7 V。主要优点为充放电电压平稳，循环性能好。主要缺点为：原材料较贵，抗过充电等安全性能差，不适合大型动力电池领域。钴酸锂电池是最早商品化的锂离子电池，工艺成熟，市场占有率高。

镍酸锂材料（$LiNiO_2$）的理论容量为 274 mAh/g，实际容量为 190～210 mAh/g，开路电压为 2.5～4.2 V。主要优点为：镍资源相对丰富，成本低。主要缺点为：合成条件苛刻，循环稳定差，安全性有待提高。由于稳定性，安全性，材料合成困难等方面的缺点，镍酸锂电池的商业应用较少。

锰酸锂材料（$LiMn_2O_4$）的理论容量为 148 mAh/g，实际容量为 90～120 mAh/g，开路电压为 3～4 V。主要优点为：成本低、安全性较钴酸锂电池高，在全球的动力电池领域占有重要地位。主要缺点为：理论容量低，循环性能差。$LiMnO_2$正极材料在理论容量和实际容量两方面都有较大幅度的提高，理论容量为 286 mAh/g，实际容量达 200 mAh/g 左右，开路电压范围为 3～4.5 V，但仍然存在充放电过程中结构不稳定的问题。

磷酸铁锂材料（$LiFePO_4$）的理论容量为 170 mAh/g，实际容量大于 110 mAh/g，开路电压为 3.4 V。主要优点是：循环性能好，单体 100% DOD 循环 2000 次后容量保持率为 80%以上，安全性高，放电电压平台稳定，可在 1C～3C 下持续充放电，瞬间放电倍率达 30C。主要缺点是：理论容量不高，低温性能差，0°C 时放电容量降为 70%～80%。

日韩企业在近几年大力推动三元材料的应用，镍钴锰三元材料逐渐成为市场的主流，国内企业也采取跟随策略，逐步转向三元材料。三元材料的比容量较高，目前市场上的产品已经可以达到 170～180 mAh/g，从而可以将电池单体的能量密度提高到接近 200 Wh/kg，满足电动汽车的长续航里程要求。此外，通过改变三元材料的配比，还可以达到良好的倍率性能，从而满足 PHEV 和 HEV 车型对大倍率小容量锂离子电池的需求。镍钴锰三元材料综合了钴酸锂（$LiCoO_2$）和锰酸锂（$LiMn_2O_4$）的一些优点，同时因为掺杂了镍元素，可以提升能量密度和倍率性能。

镍钴铝三元材料，严格来说，其实算是一种改性的镍酸锂（$LiNiO_2$）材料，在其中掺杂了一定比例的钴和铝元素（占比较少）。商业化应用方面主要是日本的松下公司在做，其他锂离子电池公司基本没有研究这个材料。美国特斯拉（Tesla）电动汽车采用了松下公司的18650型镍钴铝三元电芯做电动汽车的动力电池系统，续航里程接近500千米。

以上仅仅是比较常见的锂离子电池正极材料，并不代表所有的技术路线。实际上，不管是高校和科研院所，还是企业，都在努力研究新型的锂离子电池正极材料，希望把能量密度和寿命等关键指标提升到更高的量级。当然，如果要在2020年达到250 Wh/kg，甚至300 Wh/kg的能量密度指标，现在商业化应用的正极材料都无法实现，那么正极材料就需要比较大的技术变革，如改变层状结构为尖晶石结构的固溶体类材料，以及有机化合物正极材料等，都是目前比较热门的研究方向。

2. 负极材料分类

锂离子电池负极材料的研究没有正极材料多，但是负极材料对锂离子电池性能的提高仍起着至关重要的作用，负极材料的选择应主要考虑以下几个条件：

（1）应为层状或隧道结构，以利于锂离子的脱嵌；

（2）在锂离子脱嵌时无结构上的变化，具有良好的充放电可逆性和循环寿命；

（3）锂离子在其中应尽可能多地嵌入和脱出，以使电极具有较高的可逆容量；

（4）氧化还原反应的电位要低，与正极材料配合，使电池具有较高的输出电压；

（5）首次不可逆放电比容量较小；

（6）与电解质溶剂相容性好；

（7）资源丰富、价格低廉；

（8）安全性好；

（9）环境友好。

根据化学组成，锂离子电池的负极材料可以分为金属类负极材料（包括合金）、无机非金属类负极材料及过渡金属氧化物类负极材料。

（1）金属类负极材料：这类材料多具有超高的嵌锂容量。最早研究的负极材料是金属锂。由于电池的安全问题和循环性能不佳，金属锂作为负极材料并未得到广泛应用。近年来，合金类负极材料得到了比较广泛的研究，如锡基合金、铝基合金、镁基合金、锑基合等，是一个新的方向。

（2）无机非金属类负极材料：用作锂离子电池负极的无机非金属材料主要是碳材料、硅材料及其他非金属的复合材料。

（3）过渡金属氧化物材料：这类材料一般具有结构稳定、循环寿命长等优点，如锂过渡氧化物（钛酸锂等）、锡基复合氧化物等。

在大规模商业化应用方面，负极材料仍然以碳材料为主，石墨类和非石墨类碳材料都有应用。在汽车及电动工具领域，钛酸锂作为负极材料也有一定的应用，可大大提高体系的循环性能，单体电池在100% DOD循环3000次后容量保持率为80%以上；安全性能好，可大倍率（40 C～50 C）放电，快速充电（10 C），适用温度范围宽。主要缺点为：降低了电池的能量密度，工作电压低（2.5 V），电子导电性差，制作过程中容易析气，而且目前还没有实现大规模生产，价格较高。其他类型的负极材料，除了日本索尼集团公司在锡合金方面有产品推出，大多仍以科学研究和工程开发为主，市场化应用的比较少。

#### 2.2.2.3 技术难点

锂离子电池的技术难点涉及整个电池体系，包括正极材料、负极材料、隔膜材料、

（1）正极材料。正极材料的研究热点包括纳米化、纳米晶粒包覆碳、合适的掺杂、颗粒表面包覆、材料的稳定性等。

（2）负极材料。负极材料主要为碳材料和钛酸锂。碳材料价格相对较低，应用广泛，但安全性能较差。较为适合的负极材料是钛酸锂，现已被日本东芝公司应用于新型锂离子电池的生产。

（3）隔膜材料。隔膜材料的质量直接决定了锂离子电池的安全性与循环寿命，研究重点集中在安全性、成品率、高性能和低成本。高端隔膜材料特别是动力锂离子电池用隔膜材料对产品的一致性要求极高，国内利用自主知识产权生产的隔膜还存在量产批次稳定性较差等问题。

#### 2.2.2.4 应用现状

从 2013—2015 年各类储能技术的累积装机规模上看，锂离子电池的增长速度最快，装机规模以 39% 的年复合增长率不断递增。在可再生能源并网、调频辅助服务、电力输配、分布式发电及微网、电动汽车充换储放电站均有部署，且在调频辅助服务领域中的装机占比最大，接近 50%。典型的锂离子电池储能电站示范项目如表所示。

### 2.2.3 液流电池

#### 2.2.3.1 工作原理

液流电池是一种新型、高效的电化学储能装置，其工作原理如图 2-14 所示。可以看出，电解质溶液（储能介质）存储在电池外部的电解液储罐中，电池内部正负极之间由离子交换膜分隔成彼此相互独立的两室（正极侧与负极侧），电池工作时正负极电解液由各自的送液泵强制通过各自反应室循环流动从而参与电化学反应。充电时，电池外接电源，将电能转化为化学能，储存在电解质溶液中；放电时，电池外接负载，将储存在电解质溶液中的化学能转化为电能，供负载使用。

液流电池的优点：（1）额定功率和额定能量相互独立，功率取决于电池堆，能量取决于电解液的储量和浓度，因此电池系统设计灵活，易于模块化组合；（2）电池的存储寿命长，电解液可循环寿命，不存在变质问题，只是电池隔膜电阻随时间有所增大；（3）电解液可以重复使用和再生利用，因此成本有所下降。

液流电池的缺点：（1）需要配置循环泵维持电解液的流动，降低了整体的能量效率；（2）工作温度范围有限制，如全钒液流电池低温时低价钒由于溶解度降低析出晶体，高温下五价钒易分解为五氧化二钒沉淀，导致使用寿命下降；（3）液流电池的容量单价较高，甚至与钠硫电池的价格水平不相上下，与同等容量铁锂电池的价格相比缺乏优越性。

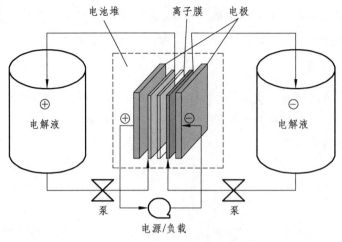

图 2-14 液流电池的工作原理

### 2.2.3.2 技术分类

液流电池较早提出的有 Ti/Fe、Cr/Fe 及 Zn/Fe 等体系，比较成熟的是铁/铬体系、全钒（VRB）体系、多硫化钠/溴（PSB）体系和钒/溴体系等。目前，国际上液流电池代表品种主要是 VRB 体系、Zn/Br₂ 体系和 PSB 体系。表 2-4 是几种大规模液流储能电池的特征参数。

表 2-4　几种大规模液流储能电池的特征参数

| System | VRB | Zn/Br$_2$ | PSB |
|---|---|---|---|
| 开路电压/V | 1.4 | 1.83 | 1.54~1.61 |
| 比能量/（Wh/kg） | 25~35 | 25~35 | 27 |
| 比功率/（W/kg） | 20~100 | 90 | 20~40 |
| 能量密度/（Wh/L） | 16~33 | 60 | 20 |
| 工作温度/℃ | 10~50 | 10~50 | 10~50 |
| 能量效率/% | 70~80 | 60~75 | 60~65 |
| 寿命/year | 7~15 | 10~20 | 15~20 |
| 价格/（美金/kWh） | 389 | 100~200 | 185 |

全钒液流电池的正极活性电对为 $VO^{2+}/VO_2^+$，负极活性电对为 $V^{2+}/V^{3+}$。全钒液流电池的电极发生如下电化学反应：

$$正极：\ VO^{2+} + H_2O - e^- \Longleftrightarrow VO_2^+ + 2H^+ \qquad (2\text{-}8)$$

$$负极：\ V^{3+} + e^- \Longleftrightarrow V^{2+} \qquad (2\text{-}9)$$

$$电池总反应：\ VO^{2+} + H_2O + V^{3+} \Longleftrightarrow VO_2^+ + V^{2+} + 2H^+ \qquad (2\text{-}10)$$

锌溴液流电池的负极活性物质为金属 Zn，正极活性物质为溴化物并被多孔隔膜分离，电解液为 ZnBr₂。充电过程中，负极锌以金属形态沉积在电极表面，正极生成溴单质，贮存于正极电解液的底部。电极发生如下电化学反应：

$$正极：Zn^{2+} + 2e^- \longleftrightarrow Zn \qquad (2-11)$$

$$负极：2Br^- \longleftrightarrow Br_2 + 2e \qquad (2-12)$$

$$电池反应：Zn + Br_2 \longleftrightarrow ZnBr_2 \qquad (2-13)$$

锌溴液流电池的主要技术问题包括：溴和溴盐的水溶液对电池材料具有腐蚀性，充电过程中锌电极上形成枝晶。

### 2.2.3.3 技术难点

（1）电极材料。电极材料应对正、负极电化学反应有较高的活性，降低电极反应的活化过电位；具有优异的导电能力，减少充放电过程中电池的欧姆极化；具有较好的三维立体结构，便于电解液流动，减少电池工作时输送电解液的泵耗损失；具有较高的电化学稳定性，延长电池的使用寿命。

（2）电解液。电解液的浓度增大，电池电压和体积比能量升高，但电阻和黏度等增加。例如全钒液流电池，由于五价钒离子的溶解度不高，在电池接近全充电状态时，正极溶液会析出红色多钒酸盐沉淀堵塞多孔电极表面，导致电池逐渐失效。因此，需研发高浓度、高稳定性的电解液。

（3）隔膜。隔膜基本决定了电池寿命和转换效率，要求其耐腐蚀、离子交换能力好。对于全钒液流电池，其隔膜的主要作用是隔离正、负极电解质溶液，防止不同价态的钒离子混合，而仅让氢离子自由迁移。隔膜材料主要分为阳离子交换膜和阴离子交换膜。如果采用阳离子交换膜，少量的 $V^{2+}$ 或 $V^{3+}$ 离子会结合水穿透交换膜进入电池的正极；若选用阴离子交换膜，则中性的 $VOSO_4$ 和阴离子 $VO_2SO_4^-$ 也会结合水穿透至电池的负极。目前，耐腐蚀、仅能透过 $H^+$ 且阻抗低的阳离子交换膜是该领域的重要研究方向。

### 2.2.3.4 应用现状

从目前技术成熟度和工程应用效果看，全钒液流电池技术进入工程应用、市场开拓阶段，开始实现商业化；锌溴液流电池技术进入应用示范、市场开拓阶段；其他液流电池仍处于研究阶段。表 2-5 是全钒液流电池的典型应用案例。

表 2-5　全钒液流电池的典型应用案例

| 时间/年 | 项目名称 | 额定功率/容量 /[MW/( MW·h )] | 作用 |
|---|---|---|---|
| 1999 | 日本关西电力 | 0.45/1 | 电站调峰 |
| 2001 | 日本北海道札幌风电场 | 4/6 | 风/储发电并网 |
| 2004 | 美国哥伦比亚空军基地 | 12/120 | 备用电源 |
| 2012 | 辽宁沈阳市法库县 | 5/10 | 平滑风电输出、计划发电、削峰填谷等 |
| 2013 | 辽宁黑山风电场 | 3/6 | 平滑风电输出、计划发电、孤网运行等 |
| 2015 | 美国 Avista 区域电网储能项目 | 1.2/3.2 | 削峰填谷、电压支撑、并网或孤岛运行 |

### 2.2.4 钠系高温电池

#### 2.2.4.1 工作原理

熔融盐电池一般采用固体陶瓷作为正负极间的隔膜并起到电解质的作用；电池负极通常是原子量很小、化学活性很高、电极电势很低的碱金属或碱土金属材料；电池正极通常是能与负极反应的盐类物质。工作时，负极放出电子产生金属离子，透过陶瓷隔膜与正极物质反应。

熔融盐电池通常都具备以下特点：

（1）放电特性好。熔融盐电解质的电导率约比水溶液电解质大 10 倍，因此熔融盐电池能大功率放电，脉冲电流密度高达每平方厘米几十安培，稳态工作电流密度也能达到 $A/cm^2$ 级放电。

（2）熔融盐电池通常具有很高的功率密度和能量密度。

（3）电池内部的工作温度通常比较高，可达 300 ℃ 以上，具有一定的安全隐患。

#### 2.2.4.2 技术分类

熔融盐电池主要有钠硫电池（NAS）和钠/氯化镍电池（ZEBRA）两种。

（1）钠硫（NAS）电池是以 beta-Al$_2$O$_3$ 为电解质和隔膜，并分别以 Na 和 S 为负极和正极的二次电池。NAS 电池的工作原理如图 2-15 所示，其充放电过程是可逆的，且整个过程都由浓度扩散作用所控制。电化学反应如下：

$$2Na+xS \xrightleftharpoons{\quad\quad} Na_2S_x（EMF：2.08 \sim 1.78\ V）$$

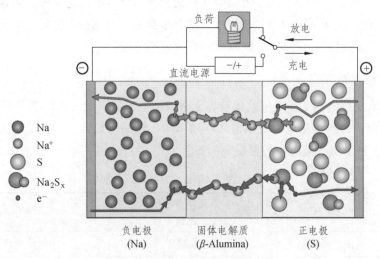

图 2-15　钠硫电池的工作原理图

钠硫电池的优点：

（1）能量密度高。理论比能量为 760 Wh/kg，实际也已大于 300 Wh/kg。

（2）功率特性好。可大电流放电，放电电流密度一般可达 200 ~ 300 mA/cm$^2$，瞬间可放出其固有能量的 3 倍。

（3）循环寿命长。100% DOD 下能耐 2500 次以上的充放电。

钠硫电池的缺点：

（1）工作温度在 300～350 ℃，即仅当钠和硫处于液态高温下才能运行。如果陶瓷电解质破损形成电池短路，钠和硫将直接接触发生剧烈的放热反应，产生高达 2000 ℃ 的高温，导致严重的安全性问题。

（2）启动和停止需要的时间长，从冷态到可充放电状态或者相反大约需要 1～2 周的时间。

（3）由于硫具有腐蚀性，电池护体需要经过严格的耐腐蚀处理。

（4）运行条件要求高。钠硫电池在使用过程中不能随意发生断电情况，否则会导致电池报废。因此，钠硫电池一般都需要采用柴油发电机做 UPS，以确保电池的稳定。

（2）ZEBRA 电池与钠硫电池有许多相似之处：固体电解质都是 beta-$Al_2O_3$ 陶瓷材料，负极都是液态金属钠。ZEBRA 电池与钠硫电池不同的仅是电极材料，它以分散在 $NaAlCl_4$ 熔盐电解质中的固态镍和氯化镍取代了钠硫电池正极中的液态硫和多硫化钠。在放电时，电子通过外电路负载从 Na 负极至 NiCl 正极，而 $Na^+$ 则通过 beta-$Al_2O_3$ 固体电解质陶瓷管与氯化镍反应生成氯化钠和镍；充电时在外加电源作用下电极过程正好相反。电化学反应如下：

$$2Na+NiCl_2 \rightleftharpoons 2NaCl+Ni$$

ZEBRA 电池既保留了钠硫电池原有的一些优点，又另具有一些独特的魅力，主要表现为：
① 开路电压高（300 ℃ 时为 2.58 V）；
② 比能量高（理论上>700 Wh/kg，实际达 120 Wh/kg）；
③ 比功率高（180 W/kg）；
④ 能量转换效率高（无自放电，100%库伦效率）；
⑤ 循环寿命长（>3500 次，80%DOD）；
⑥ 可快速充电（30 min 充电达 50%放电容量）；
⑦ 工作温度范围宽（50～350 ℃ 的较大范围）；
⑧ 容量与放电率无关（电池内阻基本上为欧姆内阻）；
⑨ 耐过充、过放电（第二电解质 $NaAlCl_4$ 可参与反应）；
⑩ 无液态钠操作麻烦（电池装配在放电状态）。

### 2.2.4.3　技术难点

（1）钠系高温电池的界面特性及制备技术研究。熔融盐电池采用陶瓷作为固体电解质和隔膜，因此在电池中存在陶瓷电解质/熔融电极、电解质/绝缘环、电解质/密封剂、电极/集流体等界面，需要开展相应的制备技术研究，保证电池中各种结合界面的机械性能和热匹配性能等。

（2）钠系高温电池性能稳定性、可靠性及退化机制研究。电池的性能退化是由多种机制引起的，需要系统研究各种机制产生的根源及其对性能退化的影响，同时开展电池及模块的安全设计及安全策略研究，建立用于电池模块与系统安全性试验的平台。

#### 2.2.4.4 应用现状

目前，日本 NGK 公司和东京电力的下属企业仍然是世界上钠硫电池的唯一生产商，多采用 50 kW 电池模块组成 MW 级大容量电池组件，共提供了 200 多处钠硫电池储能系统（>300 MW）。近年来，钠硫电池储能系统在负载调平、备用电源、平滑风光功率输出的瞬间波动和保证风光长时间的稳定输出等领域广泛应用。2008 年，日本 NGK 在青森县六所村的 51 MW 风力发电站配置了 34 MW 的钠硫电池储能系统，通过存储夜间风机发的电能稳定白天的输出功率。配置钠硫电池储能系统后，既可以平滑风电的瞬间功率波动，也能按计划曲线以恒定功率模式运行 2～4 h。

从国内的开发情况看，上海市电力公司与上海硅酸盐所在大容量钠硫电池关键技术和小批量制备（年产 2 MW）上取得了突破，100 kW/800 kW·h 钠硫电池储能电站已成功示范运行，但在生产工艺、重大装备、成本控制和满足市场需求等方面仍存在明显差距，尚未有将钠硫电池用于储能系统的应用实例。因此，国内在钠硫电池商业化规模生产和市场化等方面需要更多的投入和突破。

### 2.2.5 金属-空气电池

#### 2.2.5.1 工作原理

金属/空气电池现在使用的电解质大多数为中性或者碱性，电池放电过程中，正极反应都是氧气的还原，电化学反应式如下：

$$O_2 + 2H_2O + 4e^- \rightleftharpoons 4OH^- \qquad E = 0.401 \text{ V}$$

金属/空气电池的理论能量只能以负极金属的能量来衡量，负极的电化学反应可以写成：

$$M \longrightarrow M^{n+} + ne^-$$

式中：M 代表的是电池中所用的金属，$n$ 值的大小取决于电池中金属被氧化的价态。

金属/空气电池的优点：① 高体积比能量；② 放电电压平稳；③ 极板寿命长（干态贮存）；④ 无生态问题；⑤ 低成本。

金属/空气的缺点：① 依赖于环境条件；② 输出功率有限；③ 操作温度范围宽；④ 负极腐蚀产生氢；⑤ 碱性电解质碳酸化。

#### 2.2.5.2 技术分类

金属/空气电池中研究最多的就是锌/空气电池、铝/空气电池、镁/空气电池、锂/空气电池。

（1）锌-空气电池是以金属锌为负极、以氧气为正极、用氢氧化钾水溶液为电解质溶液。其反应原理为：

$$Zn + 1/2O_2 \longrightarrow ZnO$$

该电池体系的优点在于理论比能量可达 1350 Wh/kg，实际比能量为 180～230 Wh/kg，是传统铅酸电池的 5 倍以上。成组的锌-空气电池具有良好的一致性，允许深度放电，电池的容量不受放电强度的影响，且适用温度范围宽泛（-20～80 ℃），并且具有较高的安全性，可有效防止因短路、泄漏造成的起火或爆炸。另外，由于空气电极的寿命非常长，因此当电池容量用完后，只需更换锌板负极就可实现电池能量的重新补给，即可被设计为"机械式再充电"的二次电池。

（2）铝-空气电池是以铝或铝合金为负极，以空气为正极，以中性或碱性水溶液为电解液而构成的一种空气电池。其电化学反应原理为：

碱性条件下：$4Al + 3O_2 + 6H_2O + 4OH^- \longrightarrow 4Al(OH)_4^-$

中性条件下：$4Al + 3O_2 + 6H_2O \longrightarrow 4Al(OH)_3$

该电池负极铝的电化学当量很高，为 2980 Ah/kg，电极电位较负，是除金属锂以外质量比能量最高的轻金属电池材料。铝空气电池的质量比能量实际可以达到 450 Wh/kg，比功率达到 50～200 W/kg。但是目前该电池还面临着一些需要解决的问题：第一，金属铝表面由于存在着一层钝化膜，会抑制铝的失电子氧化反应，导致了铝电极电位的升高，电池电压下降；第二，铝表面的氧化膜遭到破坏又会导致大量析氢，并难以使其溶解停止，导致电池自腐蚀放电严重；第三，空气电极面临着与锌空气电池中相同的问题。

（3）镁-空气电池是以金属镁或镁合金作为负极活性物质，以空气中的氧气作为正极活性物质，氧气通过气体扩散电极到达气-液-固三相界面与镁负极反应而放出电能。

该电池体系的优点在于，负极材料镁的储量丰富、价格低廉、无污染，理论能量密度仅次于轻金属锂和铝，因此是电池理想的电极材料。正极活性物质是氧气，若在空气中使用，电池的正极材料在理论上是无限的，因此使电池具有能量密度高、性能稳定的特点。

（4）锂-空气电池是以金属锂作为负极，以空气中的氧气作为正极，采用非水溶液或水溶液作为电解质，通过锂与氧气之间的电化学反应获得能量。

非水体系溶液中，$2Li + 2e^- + O_2 \longrightarrow Li_2O_2$

水溶液体系中，$2Li + 1/2O_2 + H_2O \longrightarrow 2LiOH$

锂-空气电池体系的理论能量密度是现有化学电池体系中最高的（$H_2$-$O_2$ 燃料电池反应除外），达到 11 140 Wh/kg，与汽油机理论能量密度相接近，是目前高性能锂离子电池理论能量密度的 10 倍以上。

### 2.2.5.3 技术难点

在锌-空气电池关键技术研究中，存在的技术难点首先是锌电极的自腐蚀问题。由于锌在碱性溶液中是热力学不稳定的，因此锌在碱性电液中放电的同时会伴随着少量的析氢腐蚀反应。其次是空气电极的碳酸盐化问题。由于电池长时间放电，反应产物或碱性电解液与外界 $CO_2$ 接触会产生大量碳酸盐，当碳酸盐溶解饱和时会在空气电极表面析出，导致空气电极堵塞而出现性能和能量的衰减，再通过采用更换锌负极补充能量的方式将不再起作用。最后，由于空气电池是半开放的体系，当外界环境中湿度过高或过低时，就会造成空气电极的"淹没"或"干涸"，甚至"爬碱"或"漏液"，从而对电池结构造成破坏。

在铝-空气电池关键技术研究中，铝电极的改性研究一直是人们关注的重点，目前通用的做法是采用在高纯铝中添加少量的金属元素，形成二元或多元合金，从而改善铝电极的钝化膜性质，使其在放电过程中容易瓦解，提高铝的电化学活性，同时合金元素的加入也能够减少铝在电解液中的自腐蚀速率，提高铝的利用率。另一方面，通过在电解液中加入缓蚀添加剂也能够在很大程度上抑制铝的自腐蚀。

在有机体系镁-空气电池中，金属镁的反应活性非常低，放电电流仅能达到 0.1 mA/cm²，特别是当镁电极表面受到氧化形成致密的 $Mg(OH)_2$ 钝化膜后（该膜层无法导通 $Mg^{2+}$），电极几乎无法正常放电。而空气电极在有机电解液中的性能表现也不及在水溶液中的性能表现，由于无法形成类似于水溶液中的气-液-固三相界面，电极的放电只能依赖于氧在有机溶液中的溶解度和扩散速率，另外反应产物的不溶性也容易使空气电极孔道发生堵塞，而且目前开发的适宜镁电极的有机电解液（格式试剂）属于易挥发性物质，因此在空气电极一侧的挥发将无法避免。水体系镁-空气电池目前面临的主要问题是镁在水溶液中的自腐蚀析氢问题，以及镁合金的活化与钝化问题，因为它影响着镁负极在水溶液中的稳定性、反应活性和能量利用效率，决定着电池性能的好坏。

在非水体系锂-空气电池中，① 由于电池反应产物 $Li_xO_y$ 不溶于电解液，因此会在空气电极孔道中进行沉积，长时间放电后会导致 $O_2$ 孔道堵塞以及覆盖催化活性点，引起电池过早失效。② 如果电池过长时间的暴露在空气中，空气中的微量水分会不断向负极扩散，并最终对金属锂负极造成腐蚀。③ 有机电解液在空气电极一侧的挥发目前还无法完全避免。④ 在二次锂空气电池中，空气中存在的 $CO_2$ 会与反应产物作用发生碳酸盐化，导致产物无法可逆充电。⑤ 作为二次电池，很多学者早在 20 世纪 90 年代就提出了 Li 和 $Li_2O_2$ 之间的可逆转换反应机制，并且一直以来学术界对此深信不已，将工作中心集中在开发高催化活性的双功能催化剂方面，以提高锂空气电池的循环效率和循环寿命。但直到最近几年，人们才首次认识到原有锂-空气电池体系的充电过程是碳酸酯电解液的分解，而并非 $Li_2O_2$ 的可逆还原。而在水体系锂-空气电池研究中，目前所采用独特技术路线是在金属锂电极表面覆盖一层防水导电的固态电解质膜，形成能够在水溶液中零腐蚀稳定放电的防水型锂电极，而空气电极则发挥着与锌-空气电池中相同的功能。现在该电池体系需要解决的问题是：① 如何进一步提高防水导电固态电解质膜的电导率和机械强度；② 如果改进防水型锂电极的封装工艺，降低封装质量；③ 如何避免空气电极一侧 $Li_2CO_3$ 化的影响。

## 2.3　电磁类储能技术

### 2.3.1　超级电容器

#### 2.3.1.1　工作原理

超级电容器储能单元根据电化学双电层理论研制而成，可提供强大的脉冲功率。充电时处于理想极化状态的电极表面，电荷将吸引周围电解质溶液中的异性离子，使其附于电极表面，形成双电荷层，构成双电层电容。由于电荷层间距非常小（一般<0.5 mm），加之采用特殊的电极结构，电极表面积成万倍增长，从而产生极大的电容量。图 2-16 是超级电容器的内部结构，包含正极、负极、隔膜及电解液。

超级电容器具有非常高的功率密度，适用于短时间高功率输出；充电速度快且模式简单，可以采用大电流充电，能在几十秒到数分钟内完成充电过程；使用寿命长，深度充放电循环使用次数可达 1 万 ~ 50 万次；循环效率达 85% ~ 98%；低温性能优越，超级电容器充放电过程中发生的电荷转移大部分都在电极活性物质表面进行，容量随温度的衰减非常小。

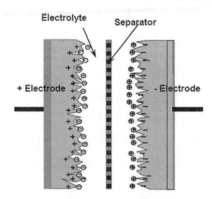

图 2-16　超级电容器的结构示意图

### 2.3.1.2　技术分类

按采用的电极不同，超级电容器可分为以下几种：（1）碳电极电容器；（2）贵金属氧化物电极电容器；（3）导电聚合物电容器。

按储存电能的机理不同，超级电容器可分为两种类型：一种是"双电层电容器"，其电容的产生主要基于电极电解液上电荷分离所产生的双电层电容，如碳电极电容器。另一种则被称为"法拉第准电容"，由贵金属和贵金属氧化物电极等组成，其电容的产生是基于电活性离子在贵金属电极表面发生欠电位沉积，或在贵金属氧化物电极表面及体相中发生的氧化还原反应而产生的吸附电容。该类电容的产生机制与双电层电容不同，并伴随电荷传递过程的发生，通常具有更大的比电容。

根据超级电容器的结构及电极上发生反应的不同，其又可分为对称型和非对称型。如果两个电极的组成相同且电极反应相同，反应方向相反，则被称为对称型。碳电极双电层电容器、贵金属氧化物电容器即为对称型电容器。如果两电极组成不同或反应不同，则被称为非对称型，由可以进行 N 型和 P 型掺杂的导电聚合物作电极的电容器即为非对称型电容器，其性能表现形式更接近电化学电池，表现出更高的比能量和比功率。

超级电容器的最大可用电压由电解质的分解电压所决定。电解质可以是水溶液（如强酸或强碱溶液）也可是有机溶液（如盐的质子惰性溶剂溶液）。用水溶液体系可获得高容量及高比功率（因为水溶液电解质电阻较非水溶液电解质低，水溶液电解质电导为 $10^{-1} \sim 10^{-2}\,S \cdot cm^{-1}$，而非水溶液体系电导则为 $10^{-3} \sim 10^{-4}\,S \cdot cm^{-1}$）；选用有机溶液体系则可获得高电压（因为其电解质分解电压比水溶液的高，有机溶液分解电压约 3.5 V，水溶液则为 1.2 V），从而也可获得高的比能量。

### 2.3.1.3　技术难点

（1）超级电容器本体。国外的超级电容器产品已经产业化，但国内的产品在材料纯度、制造工艺和整体性能上仍需进一步提高。

（2）电压均衡。超级电容器工作电压对使用寿命影响很大，对于串联电容组来说，电容组电压不均衡问题是限制其大量使用的主要因素。

（3）控制方法。采用先进的控制方法，实现对逆变器的输出电压稳定及工作可靠，且要求动态响应速度快。

### 2.3.1.4 应用现状

自 19 世纪 80 年代由日本 NEC、松下等公司推出工业化产品以来，超级电容器已经在电子产品、电动玩具等领域获得了广泛应用。随着产品成本的进一步降低和能量密度的提升，超级电容器可应用在电动汽车、轨道交通能量回收系统以及电力系统等领域。其中，超级电容器在电力系统中多用于短时间、大功率的负载平滑和改善电能质量场合，特别是在配电网中维持电压稳定、抑制电压波动与闪变、抑制电压下跌和瞬时断电供电等方面的作用正在逐步得到体现。

### 2.3.2 超导磁储能

### 2.3.2.1 工作原理

超导磁储能（Superconducting Magnetic Energy Storage，SMES）是利用超导体的电阻为零特性制成的储存电能的装置。超导磁储能的基本结构主要由超导线圈、失超保护、冷却系统、变流器和控制器等组成。如图 2-17 所示，SMES 是利用超导线圈作储能线圈，由电网经变流器供电励磁，在线圈中产生磁场而储存能量。需要时，可经逆变器将所储存的能量送回电网或提供给其他负载用。

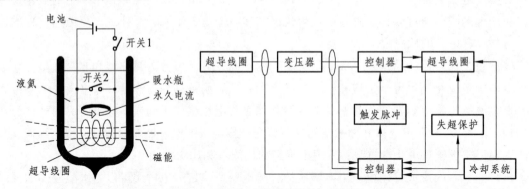

图 2-17　SMES 储能原理图与结构图

超导磁储能的储能量由超导磁体电感值以及超导磁体允许的最大磁体电流所决定。其中，超导磁体电感值由超导磁体的尺寸和结构所决定。SMES 的储能量可表述为：

$$W = 0.5 \cdot L \cdot i^{2'}$$

式中：$W$ 为超导线圈存储的能量；$L$ 为超导磁体的电感；$i$ 为超导线圈中流过的电流。

超导磁储能的优点：

① 超导磁体在超导状态下无焦耳热损耗，其电流密度比一般常规线圈高 1~2 个数量级。

② 响应速度快（可达几毫秒）。

③ 转换效率高（≥95%）。

④ 储能密度大（108 J/m³）、比容量（1 ~ 10 Wh/kg）、比功率（104 ~ 105 kW/kg）高。

⑤ 使用寿命长。

⑥ 环境友好。

超导磁储能的缺点：① 成本高，其中 50% ~ 70% 费用都投入在超导磁体的研制。② 通过压缩机和泵维持液化冷却剂的低温，需要定期维护。

#### 2.3.2.2 技术分类

超导磁储能的发展经历了从低温超导到高温超导的过渡过程。

（1）低温超导磁储能一般只能在液氦温区（77 K）工作，需要配置良好的外围冷却系统，限制了超导的经济优越性，进而大大限制了低温超导磁储能的应用。低温超导 SMES 主要采用铌钛合金（NbTi）制成的超导带材。

（2）高温超导磁储能的应用温度可以上升至液氮温区，使得超导材料的实用性大大提高。高温超导 SMES 主要采用铋系（Bi）或钇系（Y）材料制成的超导带材。

#### 2.3.2.3 技术难点

目前，超导磁储能技术已有很大的发展，但要在电力系统中真正获得实际应用，还需要进一步开展以下几个关键技术的研究：

（1）探索和研究超导电力的新原理和新装置，以使超导电力装置最大程度地发挥超导体的优越性能。

（2）探索新的高性能和高临界温度的超导材料。研究价格低廉、加工简便、具有更高临界温度和电流密度的新型超导体，进一步提高超导线/带的临界电流密度、机械特性以及热力学特性。

（3）研究低温冷却技术以及其他相关技术。如高可靠性的低温系统和传导冷却技术、低损耗的电流引线、磁体电源、控制和保护等。

（4）开展超导技术与电力电子技术相结合的技术，将超导变压器、超导储能和有源滤波等多个功能集成于一体。

#### 2.3.2.4 应用现状

超导磁储能的研究和开发始于 20 世纪 70 年代，主要集中在美国、日本和欧洲等发达国家。超导磁储能不仅用于调峰，还可以储存应急的备用电力。对于中小型超导磁储能，特别是微型超导磁储能，可利用其高速调节有功、无功的特性改善功率因数，稳定电网频率，控制电压的瞬时波动，保证重要用户不间断供电等多种功能，从而大大改善供电质量，满足军事、工业、民用电力的需要。此外，超导磁储能常用于光伏发电和风力发电系统，且对供电质量和可靠性有严格要求的重要场所。

大型超导磁储能装置主要基于低温超导技术，最大实用化容量已经达到 100 MJ 级，而高温超导磁储能装置的容量只达到 MJ 级。其中，1 ~ 5 MJ/MW 低温超导磁储能已形成产品，100 MJ 超导磁储能已投入高压输电网中实际运行，5 GW·h 超导磁储能已通过可行性分析和技术论证。

我国中科院电工所、清华大学等多个单位已有实验室产品，但离商业化应用尚有较大的距离。

## 2.4 储热技术

### 2.4.1 工作原理

储热技术包括两个方面的要素：其一是热能的转化，它既包括热能与其他形式的能之间的转化，也包括热能在不同物质载体之间的传递；其二为热能的储存，即热能在物质载体上的存在状态，理论上表现为其热力学特征。虽然储热有显热储热、潜热储热和化学反应储热等多种形式，但本质上均是物质中大量分子热运动时的能量。因而从一般意义上讲，热能存储的热力学性质与热力学性质相同，均有量和质两个衡量特征，即热力学中的第一定律和第二定律。

以显热储热为例，热能储存的量即所储存的热量的大小，数学上表现为物质本身的比热容和温度变化的乘积。具体地，假设储热材料本身的定压比热容恒定且大小为 $C_p$，且在储热过程中物质载体的温度变化为 $T$，则在储热过程中物质载体所储存的热量的大小 $Q$ 可计算为

$$\Delta Q = C_p \Delta T$$

可见，给定物质载体，其所储存热量的大小只与温差有关而与绝对温度无关，亦即储存热量的大小不能反映热量的品位，因而需要借助热力学中的另一个重要参数来衡量所储存热量的质（即有用功）。热力学中定义，在一个可逆的准静态传热过程中，物质载体本身的 $E$ 的变化可表示为

$$dE = dE - T_a \cdot \frac{\delta Q}{T}$$

式中，$T_a$ 为环境温度，$H$ 为物质载体的焓值，$T$ 为温度。将式（2）从温度 $T_a$ 至温度（$T_a + \Delta T$）积分可得储热过程中物质载体的变化 $\Delta E$：

$$\Delta E = C_p \left[ \Delta T - T_a \cdot \ln\left( \frac{T_a + \Delta T}{T_a} \right) \right]$$

将式（1）与式（3）合并，可以得到储存于物质载体的热量中的比例为

$$\eta = \frac{\Delta E}{|\Delta Q|} = \frac{\Delta T - T_a \cdot \ln\left( \dfrac{T_a + \Delta T}{T_a} \right)}{|\Delta T|}$$

假设环境温度为 25℃，从上式可以看出，在相同的温度变化的条件下，储冷比储热的质更高，尤其是在与环境温度相差较大的情况下，即相对于储热，深冷储能可以更加有效地储存高品位的能量，这也是深冷储能技术近期在规模储电领域兴起的原因。

储热技术的优点：

① 技术成熟度更高，成本较低，适合大容量长时间储能。

② 热能是发电过程的重要环节，可以提高设备利用率和能源利用效率，进一步降低系统成本。

③ 热能（包括热与冷）是终端用户的用能形式之一。

储热技术的缺点：

① 储热能量密度低。

② 储热过程效率低。

### 2.4.2　技术分类

储热材料一般都要满足以下几点要求：

① 储热密度大。

② 稳定性好。

③ 无毒、无腐蚀、不易燃易爆，且价格低廉。

④ 导热系数大，能量可以及时地储存或取出。

⑤ 不同状态间转化时，材料体积变化要小。

⑥ 合适的使用温度。

根据储热材料的不同，储热技术可分为显热储热、潜热储热（相变储热）和化学反应储热。

（1）显热储热指通过储热介质温度的变化来进行储热和放热，在储/放热过程中，储热介质不发生相变。显热储热在目前的太阳能热发电中是技术最成熟、应用的最多的储热方式，但是采用显热储热方式还存在储能密度低、储能时间短、温度波动范围大及储能系统规模过于庞大等缺点。显热储热可分为固态显热储热、液体显热储热以及液-固联合显热储热 3 种。

（2）潜热储热又称相变储热，利用储热介质相变时吸收/释放的大量热量进行储热。相比于显热储热，潜热储热方式介质储热密度大，储热过程中温度变化小；但是，潜热储热也存在热扩散系数小、相分离、介质老化等问题。现阶段的研究主要集中在固液相变储能材料。

（3）化学反应储热相比于潜热储热，该方式储能密度更大；但是，化学储热受到传热、循环稳定性、可逆性和成本等因素的限制，目前还处于研究阶段。只要将储能介质构成闭式循环，并妥善储存，其无热损的储能时间就可很长。一般地，热化学储能过程可以分为 3 个步骤：储热过程、储存过程和热释放过程。

### 2.4.3　技术难点

终端用户所需的各种能量绝大部分是通过热能的形式转化或以热能为最终形式的，这种系统尺度上的调节是一种多物理过程、非稳态、强非线性耦合的复杂系统。

（1）储热系统涉及的余热源、转换的电源、热电用户这三大要素之间相互依赖，这种相互依赖往往造成能量供给与需求之间矛盾的加大或不可调和，影响系统的热效率。

（2）储热系统涉及的余热源、转换的电源、热电用户在时空上不断变化，尤其是余热源的间隙性和能级分化。余热源的间隙性具体表现为随工况的波动，它往往使热能的回收与持续利用变得十分困难。

储热过程（系统）的研究是一个动态热管理的过程，它通过在时空上对系统能量流、流及现金流进行预测（或测量）、调节分配及优化控制等，实现系统最优的能量配置和最佳的整体效率和效益。

### 2.4.4 应用现状

储热技术在当前电力系统中的主要应用包括太阳能热发电储热技术、压缩空气储能储热技术、深冷储电技术以及热泵储电技术。其中，太阳能热发电中的储热技术最为简单，仅仅包含热能的传递和储存，因而应用前景明朗。其他三种应用方式均包含了热能（冷能）的生产过程，系统较为复杂，对机械部件，尤其是热功转化部件（压气机和透平）的依赖程度高，大规模应用还需要不同程度的研发努力，特别是基于热泵的储电技术。表2-6是太阳能热发电储热技术的典型案例。

表2-6 太阳能热发电储热技术的典型案例

| 系统名称 | 位置 | 装机规模 | 储热方式 | 投运时间 |
|---|---|---|---|---|
| Solar One 太阳能光热电站 | 美国加利福尼亚 | 182 MW·h | Caloria HT-43 的导热油 | 1981 年 |
| Archimede 太阳能光热电站 | 意大利 | 5 MW | 熔融盐 | 1988 年 |
| 安达索尔槽式太阳能光热发电站 | 西班牙 | | 熔融盐 | 2009 年 |
| 北京延庆塔式光热发电实验电站 | 中国 | 1 MW | 蒸汽 | 2012 年 |
| 青海德令哈塔式光热发电站 | 中国 | 10 MW | 蒸汽 | 2011 年 |

## 2.5 化学类储能技术

### 2.5.1 工作原理

化学类储能主要是指利用氢或合成天然气作为二次能源的载体，如图2-18所示。

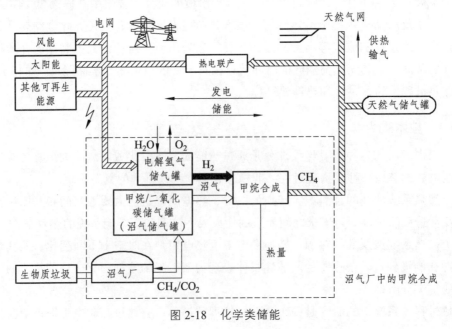

图2-18 化学类储能

利用待弃掉的可再生能源发电制氢：通过电解水，将水分解为氢气和氧气，从而获得氢。以氢作为能量载体，再将氢与二氧化碳反应成为合成天然气（甲烷），以合成天然气作为另一种二次能量载体。

化学类储能的优点：

① 采用这两种物质作能量载体的好处是储存的能量很大，可达 TW·h 级。

② 储存的时间也很长，可达几个月。

化学类储能的缺点：全周期效率较低。其中，制氢效率只有 70%左右，合成天然气的效率约 60%～65%，从发电到用电的全周期效率更低，只有 30%～40%。

### 2.5.2　技术分类

#### 1. 氢储能

氢储能利用清洁能源电力电解技术得到氢气，将氢气存储于高效储氢装置中，再利用燃料电池技术，将存储的能量回馈到电网，或者将存储的高纯度氢气送入氢产业链直接利用。

氢储能被认为是极具潜力的未来新型大规模储能技术，具有很多优点：

① 从电解水制氢到氢发电，是绿色能源到绿色能源的循环，具有可持续性。

② 储能密度很高，可达 13 000 Wh/kg，大约可达锂电池的 100 倍。

③ 氢可以长时间存储，不存在类似蓄电池的自放电现象。

④ 氢储能占地面积小，无污染，与环境兼容性好。

⑤ 氢储能系统运行成本低，无噪声。

氢储能以氢气作为载体，通过制氢、储氢、输氢和用氢四个环节来实现对氢能的利用。储氢和输氢大多采用高压储罐进行储存和运输，管道输氢项目开展较少，固态储氢技术正在研发。燃料电池是氢能利用的主要方式，燃料电池本身并非是一个类似于锂离子电池的储能装置，但它是氢储能系统的一个组成环节。质子交换膜燃料电池在电力、热力、交通等领域广泛应用，发挥备用电源、提高可再生能源发电比例等作用。

#### 2. 天然气储能

将氢与二氧化碳合成甲烷的过程被称作为 P2G 技术（Power to Gas）。由于有些国家和地区已有现成的天然气管道，因此，相对于氢气，采用合成天然气更容易运输和使用。德国热衷于推动天然气储能技术，已有示范项目在德国投入运行。

化学类储能的优势是储存能量很大，可达 TWh 级；储存的时间可达几个月。另外，氢和合成天然气除了可用于发电外，还可应用于交通等领域。化学类储能最主要的缺点是全周期效率较低，制氢效率只有 40%左右，合成天然气的效率不到 35%。

### 2.5.3　应用现状

德国热衷于推动 P2G 技术，已有示范项目在德国投入运行。以天然气为燃料的热电联产或冷、热、电联产系统已成为分布式发电和微电网的重要组成部分，在智能配电网中发挥着重要的作用，氢和合成天然气为分布式发电提供了充足的燃料。

## 参考文献

[ 1 ] 吴福保，杨波，叶季蕾. 电力系统储能应用技术[M]. 北京：中国水利水电出版社，2014: 15.

[ 2 ] 李伟，胡勇. 动力铅酸电池的发展现状及使用寿命的研究进展[J]. 中国制造业信息化，2011, 40(4): 70-72.

[ 3 ] 杨勇. 新型锂离子电池正极材料的研究现状及其发展前景[J]. 新材料产业，2010(10): 11-14.

[ 4 ] 赵平，张华民，王宏，等. 全钒液流储能电池研究现状及展望[J]. 沈阳理工大学学报，2009, 28(2): 1-6.

[ 5 ] 张华民，张宇，刘宗浩，等. 液流储能电池技术研究进展[J]. 化学进展，2009, 21(11): 2333-2340.

[ 6 ] 肖育江，晏明. 基于锌溴液流电池的储能技术[J]. 东方电机，2012, 3(5): 80-84.

[ 7 ] 孙丙香，姜久春，时玮，等. 钠硫电池储能应用现状研究[J]. 现代电力，2010, 12(6): 62-65.

[ 8 ] 张新敬. 压缩空气储能系统若干问题的研究[D]. 北京：中国科学院研究生院，2011.

[ 9 ] 张维煜，朱烷秋. 飞轮储能关键技术及其发展现状[J]. 电工技术学报，2011, 26(7): 141-146.

[10] 卫海岗，戴兴建，张龙，等. 飞轮储能技术研究新动态[J]. 太阳能学报，2002, 23(6): 748-753.

[11] 韩羽中，李艳，余江，等. 超导电力磁储能系统研究进展（一）——超导储能装置[J]. 电力系统自动化，2001, 25(12), 63-68.

[12] 葛智元，周立新，赵巍，等. 超级蓄电池技术的研究进展[J]. 电源技术，2012, 36(10): 1585-1588.

[13] RASTLE D. Electricity Energy Storage Technology Options[R]. PaloAlto: Electric Power Research Institute, 2010.

[14] BARNES F S, LEVINE J G. Large Energy Storage Systems Handbook[R]. London: Taylor and Francis Group, 2011.

[15] KINTNER-MEYER M, ELIZONDO M, BALDUCCI P, et al. Energy Storage for Power Systems Applications: A Regional Assessment for the Northwest Power Pool[R]. Washington: Pacific Northwest National Laboratory, 2010.

[16] SCHOENUNG S. Energy Storage Systems Cost Update[R]. Albuquerque: Sandia National Laboratories, 2011.

[17] 中关村储能产业联盟. 中国储能产业白皮书 2011[R]. 北京：中关村储能产业联盟，2011.

[18] 中关村储能产业联盟. 储能产业白皮书 2012[R]. 北京：中关村储能产业联盟，2012.

[19] 中关村储能产业联盟. 储能产业白皮书 2013[R]. 北京：中关村储能产业联盟，2013.

# 第 3 章

# 储能电池成组应用技术

## 3.1 电池性能参数

电池可以采用多种性能参数进行描述，包括容量、能量密度、内阻、电压、荷电保持率、循环寿命、充放电倍率等。

### 3.1.1 容量

电池容量分成额定容量和实际容量。额定容量是指满充的电池在实验室条件下（比较理想的温湿度环境），以某一特定的放电倍率放电到截止电压时，所能够提供的总电量。实际容量指电池在实际条件下可提供的总电量，与温度、湿度、充放电倍率等直接相关，一般都不等于额定容量。

电池容量由电池放电电压×放电电流×放电时间决定，在电池行业中一般以安时（Ah）标示。

### 3.1.2 能量密度

能量密度，指的是单位质量或单位体积的电池能够存储和释放的电量，其单位有两种：Wh/kg，Wh/L，分别代表质量比能量和体积比能量。这里的电量，是上面提到的容量（Ah）与工作电压（V）的积分。在应用的时候，能量密度这个指标比容量更具有指导性意义。

当前的锂离子电池能量密度水平在 $100 \sim 200$ Wh/kg，这一数值还是比较低的，在许多场合都成为锂离子电池应用的瓶颈。这一问题同样出现在电动汽车领域，在体积和质量都受到严格限制的情况下，电池的能量密度决定了电动汽车的单次最大行驶里程，于是出现了"里程焦虑症"这一特有的名词。如果要使得电动汽车的单次行驶里程达到 500 千米（与传统燃油车相当），电池单体的能量密度必须达到 300 Wh/kg 以上。

### 3.1.3 内阻

电池内阻是指电池在工作时，电流流过电池内部所受到的阻力，它包括欧姆内阻和极化内阻，极化内阻又包括电化学极化内阻和浓差极化内阻。

欧姆内阻由电极材料、电解质、隔膜电阻及各部分零件的接触电阻组成。极化内阻是指电化学反应时由极化引起的电阻，包括电化学极化和浓差极化引起的电阻。

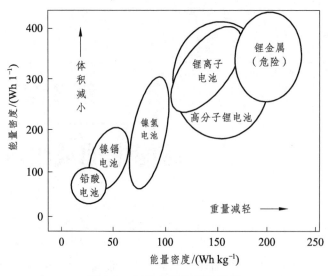

图 3-1　各类电池的能量密度

内阻的单位一般是毫欧姆（mΩ），内阻大的电池，在充放电的时候，内部功耗大，发热严重，会造成锂离子电池的加速老化和寿命衰减，同时也会限制大倍率的充放电应用。所以，内阻做的越小，锂离子电池的寿命和倍率性能就会越好。

电池充电态内阻和放电态内阻有差异，放电态内阻稍大，而且不太稳定。内阻越大，消耗的能量越大，充电发热越大。随着电池使用次数的增多，内阻会增大，质量越差，内阻增大越快。

### 3.1.4　电压

电池电压包括开路电压、工作电压、充电截止电压、放电截止电压等一些参数。

开路电压，顾名思义，就是电池外部不接任何负载或电源，测量电池正负极之间的电位差，此即为电池的开路电压。

工作电压，就是电池外接负载或电源，处在工作状态，有电流流过时，测量所得的正负极之间的电位差。一般来说，由于电池内阻的存在，放电状态时的工作电压低于开路电压，充电时的工作电压高于开路电压。

充/放电截止电压，是指电池允许达到的最高和最低工作电压。超过了这一限值，会对电池产生一些不可逆的损害，导致电池性能的降低，严重时甚至造成起火、爆炸等安全事故。

### 3.1.5　荷电保持率

荷电保持能力反映电池的自放电率。与电池材料、生产工艺和储存条件有关，一般温度越高，自放电率越高。

电池在放置的时候，其容量是在不断下降的，容量下降的速率称为自放电率，通常以百分数表示：%/月。这里需要特别注意，一旦锂离子电池的自放电导致电池过放，其造成的影响通常是不可逆的，即使再充电，电池的可用容量也会有很大损失，寿命会快速衰减。所以长期放置不用的锂离子电池，一定要定期充电，避免因为自放电导致过放，性能受到很大影响。

### 3.1.6 电池寿命

电池的寿命分为循环寿命和日历寿命两个参数。循环寿命一般以次数为单位，表征电池可以循环充放电的次数。当然这里也是有条件的，一般是在理想的温湿度下，以额定的充放电电流进行深度的充放电（100% DOD 或者 80%DOD），计算电池容量衰减到额定容量的 80% 时，所经历的循环次数。

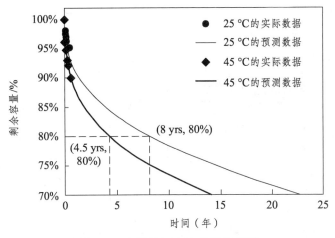

图 3-2　电池日历寿命曲线示意图

日历寿命的定义则比较复杂，电池不可能一直在充放电，有存储和搁置，也不可能一直处于理想环境条件，会经历各种温湿度条件，充放电的倍率也是时刻在变化的，所以实际的使用寿命就需要模拟和测试。简单地说，日历寿命就是电池在使用环境条件下，经过特定的使用工况，达到寿命终止条件（比如容量衰减到 80%）的时间跨度。日历寿命与具体的使用要求是紧密结合的，通常需要规定具体的使用工况，如环境条件、存储间隔等。

聚合物锂电池循环寿命的国标定义：在环境温度（20±5）℃的条件下，以 1 C 充电，当电池端电压达到充电限制电压 4.2 V 时，改为恒压充电，直到充电电流小于或等于 1/20 C，停止充电，搁置 0.5～1 h，然后以 1 C 电流放电至终止电压 2.75 V，放电结束后，搁置 0.5～1 h，再进行下一个充放电循环，直至连续两次放电时间小于 36 min，则认为寿命终止。

### 3.1.7 充放电倍率

充（放）电率是将全部容量的电荷放（充）完所需要的时间，作为充（放）电时的标准速度，用来说明放（充）电的速度是多少，单位为 C（C-rate 的简写）如 1/10C，1/5C，1C，5C，10C 等。比如，某电池的额定容量是 10 A·h，如果其额定充放电倍率是 1C，那么就意味着这个型号的电池，可以以 10 A 的电流，进行反复地充放电，一直到充电或放电的截止电压。如果其最大放电倍率是 10C@10 s，最大充电倍率 5C@10 s，那么该电池可以以 100 A 的电流进行持续 10 s 的放电，以 50 A 的电流进行持续 10 s 的充电。在厂商的电池规格书上面，也常使用小时率来表示标准放电时间，只要根据额定容量来换算就知道标准放电电流是多少了。通常厂商提供的规格上额定容量是以温度 20 ℃、0.2C 放电的条件来量测。

充放电倍率对应的电流值乘以工作电压，就可以得出锂离子电池的连续功率和峰值功率指标。充放电倍率指标定义的越详细，对于使用时的指导意义越大。

### 3.1.8　工作温度范围

由于电池内部化学材料的特性，需要一个合理的工作温度范围，如锂离子电池允许的工作温度范围为-40~60 ℃，如果超出了合理的范围使用，会对锂离子电池的性能造成较大的影响，如图 3-3 所示。

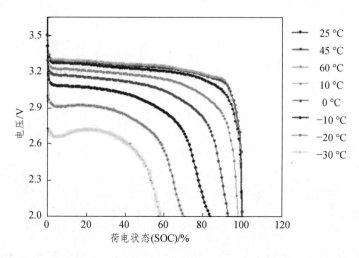

图 3-3　不同温度下锂离子电池的放电曲线

不同材料的锂离子电池，其工作温度范围也是不一样的，有些具有良好的高温性能，有些则能够适应低温条件。锂离子电池的工作电压、容量、充放电倍率等参数都会随着温度的变化而发生非常显著的变化。长时间的高温或低温使用，也会使得锂离子电池的寿命加速衰减。

除了工作温度有限制之外，锂离子电池的存储温度也是有严格约束的，长期高温或低温存储，都会对电池性能造成不可逆的影响。

## 3.2　电池容量选型

电池单体容量大小各异，选择不同容量的单体集成对电池成组后的性能影响较大。采用大容量单体电池进行串并联，一定参数要求下的电池数量少，可大大减少连接点数处的过温和腐蚀，提高电池组的安全性；但大容量电池存在内部容易形成短路而不易检测，电流分布不均，内部温差大，电箱构造复杂等缺点，且目前工艺水平下的大容量电池产品一致性不高，都会大大影响电池组的使用寿命。因此，单体容量的选择需要通过理论和试验结合来验证。

由于使用需求，电池组功率、电压等级和额定容量的要求不同，电池组中的单体数量存在很大差异。即使参数要求相似，电池单体选型不同，所需的电池数量也不同。总体上，单体数量越多，电池一致性差别越大，在使用中不一致性扩散越快，电池组容量衰减更快。

## 3.3 电池串并联方式

采用不同串并联的方式对电池成组后的性能有较大影响，可采用可靠性、一致性和容量失效率指标进行分析比较，选择合理的串并联方式。

### 3.3.1 可靠性

可靠性的定义为："给定系统在规定的工作条件下和预知的时间内持续完成规定功能的概率"。平均失效时间 MTTF（又称平均无故障工作时间）是衡量电源系统可靠性的主要指标之一，可以分别从实际和理论两个方面反映电源系统的可靠性。前者是按照 Q/PTIC 024-91《通信电源设备可靠性指标和试验方法》，通过大量的工业现场运行试验、故障统计的方法；后者是通过理论计算的方法。以下仅讨论 MTTF 的理论计算方法与分析。

#### 3.3.1.1 串联系统可靠性预计

设第 $i$ 个单元的可靠度为 $R_i(t)$（$i=1，2，\cdots，n$），则具有 $n$ 个单元的串联系统的可靠度为 $R_s(t)=\prod_{i=1}^{n} R_i(t)$。若各单元的寿命服从指数分布，即 $R_i(t)=\mathrm{e}^{-\lambda_i t}$（$\lambda_i$ 为第 $i$ 个单元的失效率），

则 $R_s(t)=\prod_{i=1}^{n}\mathrm{e}^{-\lambda_i t}=\exp\left(-\sum_{i=1}^{n}\lambda_i t\right)=\mathrm{e}^{\lambda_s}$。式中：$\lambda_s$ 为串联系统的失效率，$\lambda_s=\sum_{i=1}^{n}\lambda_i t$。

串联系统的平均寿命为：$MTTF_s=\dfrac{1}{\lambda_s}=\dfrac{1}{\sum\limits_{i=1}^{n}\lambda_i}$。

若各单元的失效率均相等，即 $\lambda_1=\lambda_2=\cdots=\lambda_n=\lambda$，则 $\lambda_s=n\lambda$，$MTTF_s=\dfrac{1}{n\lambda}$。

#### 3.3.1.2 并联系统的可靠性预计

并联系统的可靠度为 $R_s(t)=1-\prod_{i=1}^{n}[1-R_i(t)]$。若各单元的寿命服从指数分布，即 $R_i(t)=\mathrm{e}^{-\lambda_i t}$，

则 $R_s(t)=1-\prod_{i=1}^{n}[1-\mathrm{e}^{-\lambda_i t}]$。并联系统的平均寿命

$$MTTF_s=\int_0^\infty R_s(t)\mathrm{d}t=\int_0^\infty [1-\prod_{i=1}^{n}(1-R_i(t))]\mathrm{d}t$$

当各单元服从指数分布，即 $R_i(t)=\mathrm{e}^{-\lambda_i t}$，上式为

$$MTTF_s=\sum_{i=1}^{n}\frac{1}{\lambda_i}-\sum_{1\leqslant i\leqslant j\leqslant n}\frac{1}{\lambda_i+\lambda_j}+\cdots+(-1)^{n-1}\frac{1}{\lambda_1+\lambda_2+\cdots+\lambda_n}$$

当各单元的失效率均相等，即 $\lambda_1=\lambda_2=\cdots=\lambda_n=\lambda$ 时，系统平均寿命

$$MTTF_s=\frac{1}{\lambda}\left[C_n^1-\frac{C_n^2}{2}+\frac{C_n^3}{2}-\cdots+(-1)^{n-1}\frac{C_n^n}{n}\right]$$

理论计算和部分实际结果显示，先并后串的连接方式可靠性最高。串并联式的组合方式将大大降低电池组的可靠性及系统的平均寿命。有报道认为，超大容量电池组工作三五年后可靠度趋于 0。因此，对于大容量电池储能系统，为获得系统的高可靠性，应尽量组合单体容量较小的电池。

### 3.3.2　一致性

蓄电池不一致性产生有两个方面的原因：① 在制造过程中，由于工艺上的问题和材质的不均匀，使得电池极板活性物质的活化程度和厚度、微孔率、链条、隔板等存在微小的差别，这种电池内部结构和材质上的不完全一致性，就会使同一批次出厂的同一型号电池的容量、内阻等不可能完全一致。② 在装车使用时，由于电池组中各个电池的电解液密度、温度和通风条件、自放电程度及充放电过程等差别的影响，在一定程度上增加了电池的电压、内阻及容量等参数的不一致性。

根据使用中电池组不一致性扩大的原因和对电池组性能影响方式，可以把电池的不一致性分为容量不一致、电阻不一致和电压不一致。在实际工作中，电压不一致性最为直观、也是最容易测量的不一致性表现形式。在串联组中，测量电压可以得到电压不一致性的数据。在并联组中，端电压相同，因为 $E = Ir + IR$。其中，$I$ 为电流，$R$ 为负载，$r$ 为电池内阻，$E$ 为电池电动势。电池组负载不变，充放电电流与内阻直接相关，所以充放电过程中电流的不一致性在一定程度上可以表现为电池内阻的不一致。

电压不一致影响并联组中电池的互充电，当并联组中一节电池电压低时，其他电池将给此电池充电。如图 3-4，设 $E_1$ 的电压低于 $E_2$，则电流方向如图 3-4 所示，同电池充电电路。这种连接方式，低压电池容量小幅提高的同时，高压电池容量急剧降低，量将损耗在互充电过程中而达不到预期的对外输出。

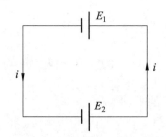

图 3-4　并联电池的电压不一致性

如图 3-5 的两种连接方式所示，以图 3-5（a）为例，由于单体电池电压的不一致，在两个串联组中，电压差的累计有逐步增加和相互抵消的两种情况。在实际试验中，经测量串联组之间都存在一定的电压差。在理论上，两组电压差恰巧相互抵消为 0 的概率也极小。在图 3-5（b）中，先并联的电池虽然也存在互充电现象，但单电池的相对电压差较小，互充电能耗较小，并且只影响并联的几个电池，作用范围小。这种小范围的互充电将对电池产生均衡的作用，补充充电不足的电池，有一定的均衡作用。根据实验结果，采用图 3-5（b）连接的电池组的电压一致性较好，图 3-5（a）连接的电池组电压普遍偏低，电压分布区间大，一致性发生下降，电池的维护工作量较大。

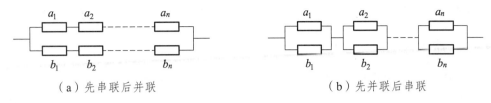

（a）先串联后并联 　　　　　　　　　　　（b）先并联后串联

图 3-5　典型连接模型

### 3.3.3　容量失效率

对于先串后并的系统，某节电池的电压落后导致其他电池的过充电。过充电的程度和串联的数目相关，串联数越多，则其他电池过充电的程度越小。放电过程亦如此。电池管理系统设置有过放/充保护制度，但同时使得电池组的容量下降。

对于先并后串的复合系统，由于并联中其他电池对该电池进行充电，因此该电池与其他电池的容量差异将会被其他并联电池所稀释。并联的数目越多，该失效所表现按的现象越不明显。

因此，从电池失效方面来看，先并后串的系统对单体电池的失效行为的自我调节能力要优于先串后并的系统。由于电池组在实际使用过程中，较多出现的是由于震动导致连接失效的断路失效和由于自放电大导致的容量快速失效。而对于这两种失效，先并后串的系统要明显优于先串后并的系统，且并联的数目越多，失效影响越小。

## 3.4　电池充电特性

目前电池充电常采用三段充电法，即预处理、恒流充电、恒压充电。开始以设定的恒流充电，电池电压以较高的斜率增长，在充电过程中斜率逐步降低，充到接近充电终止电压时，恒流充电阶段结束；接着以充电终止电压恒压充电，在恒压阶段充电时，电压几乎不变（或稍有增加），充电电流不断下降；当充电电流下降到 0.1 C 时，表示电池已充满，终止充电。有的充电器在充电电流降到某一值时，启动定时器，定时结束后，充电完成。

### 3.4.1　充电特性

锂离子动力电池与普通铅酸蓄电池的特性完全不同。目前锂离子动力电池成组充电、放电和维护管理等应用技术没有得到应有的重视，致使锂离子动力电池的充电、放电和维护管理技术及设备研究严重滞后于电池技术的发展。当前仍普遍采用的是不能适应锂离子动力电池特点的普通铅酸电池所应用的技术和设备，很容易造成锂电池的过充。

动力锂电池在实际应用中均为成组串联使用，由于锂电池的过充电能力较弱，不能像铅酸电池一样通过充电后期的涓流充电实现均衡，所以即便在电池出厂时进行了严格的筛选，使用一段时间后，单体电池之间的容量依然会出现差异。这样在充电过程中，势必出现部分电池先充满电的现象发生，传统的基于电池组端电压的充电方法不能及时有效地得知电池组中是否有个别电池已经充满电，使得先充满电的电池出现过充电。过充电会导致锂电池的循环寿命和容量大大降低。情况严重时，电池的温度迅速上升，继续充电会导致电池的隔膜热闭合、隔膜溶解、电池的正负极短路大量发热，使得电池着火甚至爆炸，损毁电池。

### 3.4.2　充电方法

锂离子电池和其他蓄电池一样，充电方式有很多种。比如恒流充电，恒压充电，恒流-恒压充电，智能充电等。

#### 3.4.2.1　恒流充电

恒流充电是指电池在充电时，采用恒流的方法进行充电，该电流的大小可以通过充电装置进行调节。这种充电方法的主要特点是有较大的适应性，可以任意选择和调节充电电流，因此可以对各种不同情况及状态的电池充电。该充电方法的主要缺点是开始阶段的充电电流相对较小，在充电后期充电电流又相对过大，所以整个充电过程时间长、能耗大，还需要专人管理。

#### 3.4.2.2　恒压充电

恒压充电是指电池在充电时，采用恒压的方法进行充电。其主要特点是：充电初期电流相当大，随着充电的延续，充电电流逐渐减小，在充电终期只有很小的电流通过，这种充电方法与恒流充电相比，充电时间短，一般在数小时后电池就能获得本身容量的90%以上，且充电过程不需要专人管理。但在实际的应用中，充电时间还是过长，需要更好更快的充电方法。

#### 3.4.2.3　恒流-恒压充电

目前用得比较多的是恒流-恒压充电，开始阶段采用恒流充电，直至电池的端电压达到恒压充电电压，然后再改为恒压充电到电池充满为止，是否充满则需要检测充电电流是否减少到充电终止电流。

#### 3.4.2.4　智能充电

智能充电是目前比较先进的充电方法，其原理是在整个充电过程中动态跟踪蓄电池可接受的充电电流。即充电机根据电池的充电状态确定充电参数，使充电电流始终保持在电池可接受的充电电流曲线附近，从而保护电池。智能充电要求锂离子电池配备电池管理系统（BMS），并且要求充电机与 BMS 紧密配合。BMS 是对电池的性能和状态了解最为全面的设备，所以将 BMS 和充电机之间建立联系，就能使充电机实时地了解电池的信息，从而有效地解决部分电池的过充电问题。

BMS 通过对电池的当前状态（如温度、单体电池电压、电池工作电流、一致性以及温升等）进行监控，并利用这些参数对当前电池的最大允许充电电流进行估算；充电过程中，通过通信线（通常为 CAN 总线）将 BMS 和充电机联系起来，实现数据的共享；BMS 将电池参数实时地传送到充电机，充电机就能根据 BMS 提供的信息改变自己的充电策略和输出电流。当 BMS 提供的最大允许充电电流比充电机设计的电流容量高时，充电机按照设计的最大输出电流充电；当电池的电压、温度超限时，BMS 能实时检测到并及时通知充电机改变电流输出；当当前的充电电流大于最大允许充电电流时，充电机开始跟随最大允许充电电流，这样就有效地防止了电池过充电，达到延长电池寿命的目的。充电机不需要区分电池的类型，只需要得到 BMS 提供的电流指令就能实现快速、安全的充电，提高了充电的安全性和智能化水平，还简化了工作人员设置充电参数等繁琐的工作。

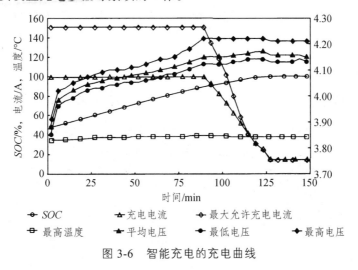

图 3-6　智能充电的充电曲线

## 3.5　电池建模

目前，常用的电池模型有电化学模型、热力学模型、耦合模型和性能模型这四种。前三种模型的建立需对电池的电化学机理有很深刻的研究，且相对复杂，考虑因素过多。与之相对应的电池性能模型，仅仅通过某种关系描述电池工作时的外特性，简单易用、结构多样。

电池的性能模型（外特性模型），简称电池模型。这类模型中常使用的是经验模型、等效电路模型和神经网络模型。经验模型中有 Peukert 方程、Shepherd 模型和 Unnewehr 模型等；等效电路模型中有 Rint 模型、Thevenin 模型和 PNGV 模型等；神经网络模型有 BP 网络模型等。

评价电池模型的标准有：模型精度、计算复杂程度、配置模型需要确定的参数数目和描述模型的表达式能否定性地解释电池放电特性等。

### 3.5.1　经验模型

#### 3.5.1.1　Peukert 方程

式（3-1）所示的 Peukert 方程是最经典的电池模型，方程表明：放电电流强度与放电时间的关系。

$$I^n \cdot t = K \tag{3-1}$$

$$n = \frac{\lg t_2 - \lg t_1}{\lg I_1 - \lg I_2} \tag{3-2}$$

式（3-1）中，$I$——放电电流（A）；$t$——以相应的电流恒流放电的放电时间（h）。$n$ 在一定的电流范围内可视为常数，一般在 1.2 ~ 1.7。根据式（3-2）可获得 $n$ 值，从而获得 $K$ 值。当求得 $n$ 和 $K$ 值后，就可以得到任意电流 $I$ 下的蓄电池最大容量 $C = I \times t = K \times I^{1-n}$。

该方程的算法简便，但方程的有效性限于中等放电速率；大电流放电时偏差较大；而小电流放电时，由于双对数的处理，物理概念上得出很不合理的结果。此外，该方程未考虑温度、SOC 的影响，适用范围窄。显然，在实际使用中用此公式准确描述电池模型的困难较大。因此，为了提高模型的精确度，通常把放电电流分为大、中、小三个区域，在各区域中分别采用不同的 $n$ 值和 $K$ 值。

### 3.5.1.2　Shepherd 模型

Shepherd 模型是由 C.M. Shepherd 提出的模型，它是蓄电池端电压估算方程。

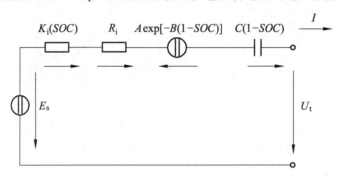

图 3-7　Shepherd 等效电路模型

$$U_t = U_s + Ae^{-B(1-SOC)} - C(1-SOC) - K_i(SOC)I - R_iI \tag{3-3}$$

式（3-3）中，$Ae^{-B(1-SOC)}$ 项用于校正一开始放电时电压的快速跌落；$U_s$ 项表示蓄电池开始放电时的电压；$C(1-SOC)$ 项考虑空载电压随放电程度变化（电解液浓度变化）所引进的修正项；$K_i(SOC)I$ 项表示由于电极板通道引起的压降；$R_iI$ 项表示欧姆电压损失。

其中，$A$、$B$、$C$、$U_s$、$K_i$、$R_i$ 是 Shepherd 模型的待定参数，可以根据实验数据得到。这样，已知蓄电池荷电状态（SOC）和电流 $I$，就可以得到蓄电池端电压的预测值。

该模型较为准确地描述了蓄电池端电压与电流、内阻及 SOC 的非线性关系，在蓄电池恒定放电电流下具有很好的精度。但是，当蓄电池的放电状态改变时，这些参数也随之改变，这就需要在整个蓄电池运行期间实时更新模型参数，这无疑给蓄电池的仿真、预测带来了困难。

Shepherd 模型常用于混合动力汽车分析，根据电池的电压、电流描述电池的电化学行为，常和 Peukert 方程一起来计算在不同需求功率时电池的电压和 SOC。

### 3.5.1.3　Unnewehr 模型

Shepherd 模型适用于小电流恒流工作的电池，模型能够找到电池放电时端电压开始迅速下降的拐点。实际工作的电动汽车电池并不经常工作在这样的临界状态。Unnewehr 和 Nasar 将 Shepherd 模型简化为式（3-4）、式（3-5）和式（3-6）。

$$E_t = E_0 - R_i \cdot I - K_i \cdot f \tag{3-4}$$

$$E_{OC} = E_0 - K_i \cdot f \tag{3-5}$$

$$R = R_0 - KR \cdot f \tag{3-6}$$

式（3-4）中，$E_t$ 为电池端电压；$E_0$ 为电池完全充满时的开路电压；$R_i$ 为欧姆电阻；$K_i$ 为极化内阻；$I$ 为瞬时电流；$f$ 为由安时积分法得到的电池净放电量。

式（3-5）中，$E_{OC}$ 为开路电压。

式（3-6）中，$R_0$ 为充满状态的电池的全内阻；$K_R$ 为实验常数；$R$ 为电池等价内阻。

模型建立起 $R_i$ 随 $SOC$ 变化的关系，结合放电功率 $P = V \cdot I$ 得到计算电流的公式，放电时为式（3-7），充电时为式（3-8）；计算最大功率用式（3-9）。

$$I = (E_{OC} - SQRT(E_{OC}{}^2 - 4R \cdot P)) / (2R) \tag{3-7}$$

$$I = (-E_{OC} + SQRT(E_{OC}{}^2 + 4R \cdot P) / (2R) \tag{3-8}$$

$$P_{max} = E_{OC}{}^2 / (4R) \tag{3-9}$$

基于 Unnewehr 模型又发展了 Nerst 模型和 Nerst 扩展模型，分别如式（3-10）和式（3-11）所示。

$$E_t = E_i - R_i \cdot I + K_i \cdot \ln(f) \tag{3-10}$$

$$E_t = E_0 - R_i I + K_i \cdot \ln(f) + K_j \cdot \ln(1-f) \tag{3-11}$$

### 3.5.2 等效电路模型

#### 3.5.2.1 Rint 模型

1. 基本模型

最常见的电池模型如图 3-8 所示。该模型由一个理想电池 $U_s$ 和一个等效内阻 $R_s$（欧姆内阻和极化内阻）组成，$U_t$ 是电池的端电压，$I$ 为流过电池的电流。根据欧姆定律可得

$$U_t = U_s - I R_s \tag{3-12}$$

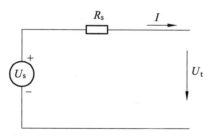

图 3-8　基本模型

这个模型反映了蓄电池中基本的电量关系。其中，开路电压 $U_s$ 通过对蓄电池的开路试验测得，蓄电池内阻 $R_s$ 由蓄电池充满时开路试验和负载试验的结果决定。

这个模型中的参数都是恒定的，而实际情况显然并非如此。电池内阻随 $SOC$、电解液浓度等而发生变化。该模型只适用于假设可以从电池中得到无限能量，或 $SOC$ 并不重要的情况。

2. 改进模型

Jean Paul Cun 在图 3-8 的基本模型基础上提出了改进模型。假定蓄电池开路电压不变，但

内阻 $R_s$ 是随电池的 $SOC$ 变化而变化的量，这样就在模型中考虑了电池的 $SOC$。常见的做法是取

$$R_s = \frac{R_0}{SOC^k} \tag{3-13}$$

式（3-13）中，$R_0$ 是蓄电池充满电时的内阻，$K$ 是一个由厂家提供的参数，它是放电速度的函数。

该模型考虑了蓄电池 $SOC$ 的变化对内阻的影响，但是考虑的因素并不充分，该种模型主要用于蓄电池充放电的监视和控制。

3. 一阶线性模型

该模型对基本模型做了以下改进：假设 $U_s$、$R_s$ 是蓄电池 $SOC$ 的线性函数，$U_t$ 为蓄电池端电压，$I$ 为充放电电流（放电为正、充电为负），则

$$U_s = U_{OC} - K_U(1 - SOC) \tag{3-14}$$

式（3-14）中，$U_{OC}$ 为蓄电池充满电（$SOC=1$）时的开路电压。

$$R_s = R_0 - K_r(1 - SOC) \tag{3-15}$$

式（3-15）中，$R_0$ 为蓄电池充满时的内阻。系数 $K_U$、$K_r$ 可通过恒流放电试验确定。结合式（3-14），得

$$U_t = U_{OC} - IR_0 - (K_U - K_r I)(1 - SOC) \tag{3-16}$$

式（3-16）中，$U_t$ 和 $I$ 是可测量的，这样就得出了 $U_t$ 与 $SOC$ 之间的关系式，即

$$U_t = f(SOC, I) \tag{3-17}$$

这种模型的优点在于建模容易，计算简单，对于特定蓄电池的静态特性的描述精确度较好。但是这种方法也存在缺陷：实际中 $U_s$、$R_s$ 与 $SOC$ 之间的关系并不是简单的线性关系，没有考虑到蓄电池内部的电化学联系，没有考虑热力学效应和温度对蓄电池的影响，因此不能完全正确地反映蓄电池的动态特性。

### 3.5.2.2  Thevenin 电池模型

Thevenin 模型考虑了电池反应中的极化现象，利用电阻 $R_1$ 和电容 $C_1$ 的并联环节来模拟电池在充放电过程中的内部复杂反应，其电路结构如图 3-9 所示。$C_1$ 代表平行极板之间的电容，$R_1$ 代表极板与电解液之间的非线性接触电阻。

取电容 $C_1$ 两端的电压 $U_{C1}$ 为状态变量，根据电路定律可得到：

$$R_1 C_1 \frac{dU_{C1}}{dt} + \left(1 + \frac{R_0}{R_1}\right) U_{C1} = U_{OC} - U \tag{3-18}$$

该模型考虑了一些非线性因素，但缺点是模型中所有参数设为常量，实际上这些量都是电池状态的函数。这显然也只是近似模拟蓄电池诸多变量的关系。

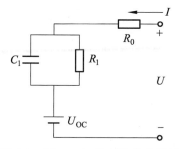

图 3-9　Thevenin 蓄电池等效模型

### 3.5.2.3　PNGV 模型

PNGV 模型是 2001 年《PNGV 电池试验手册》中的标准电池模型，也沿用为 2003 年《Freedom CAR 电池试验手册》中的标准电池模型。如图 3-10 所示，与 Thevenin 模型相比，其显著特点是用电容 $C_0$ 描述电池吸收、放出电量时随着负载电流的时间累计而产生的开路电压的变化特性，此电容的大小反映了电池的容量大小。

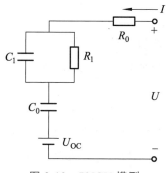

图 3-10　PNGV 模型

该模型中，$U_{OC}$ 为理想电压源，表示电池的开路电压；$R_0$ 为欧姆内阻；$R_1$ 为极化内阻；$C_1$ 为极化电容；$I_1$ 为极化电阻上的电流；电容 $C_0$ 描述负载电流的时间累计产生的开路电压变化。

实验表明，该模型能够较好地模拟电池在充放电过程中的内部复杂的反应，但模型的复杂性也给基于模型的算法移植带来了困难。出于成本的考虑，模型需要进行进一步的简化。

锂离子电池和镍氢电池改进的 PNGV 模型电路分别如图 3-11、图 3-12 所示。

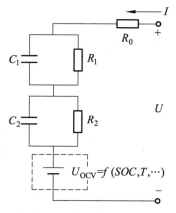

图 3-11　锂离子电池改进的 PNGV 模型电路

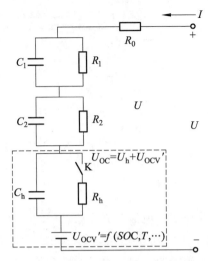

图 3-12　镍氢电池改进的 PNGV 模型电路

图 3-11 中，$U$ 和 $I$ 分别为电池工作时的端电压和电池电流，$U_{OCV}$ 是电池的开路电压；电阻 $R_0$ 用来描述电池欧姆内阻，$R_1$、$C_1$ 和 $R_2$、$C_2$ 用来描述电池的极化效应。用时间常数较小的 $R_1C_1$ 环节来描述锂离子在电极间传输时受到的阻抗，用时间常数较大的 $R_2C_2$ 环节来描述锂离子在电极材料中的扩散时受到的阻抗。$OCV$ 用一个非线性函数来代替，它是 $SOC$、温度、寿命等参数的函数。

镍氢电池的等效电路模型结构是在锂离子电池模型的基础上改进的。在该模型中，电阻 $R_0$ 用来描述电池欧姆内阻，同样用时间常数较小的 $R_1C_1$ 环节来代替电荷在传递过程中受到的阻抗，用时间常数较大的 $R_2C_2$ 环节来代替氢在电极材料中扩散所受到的阻碍。$U_{OCV}{'}$ 是镍氢电池充放电过程中的 $SOC$-$OCV$ 关系线的中心线，在这里 $OCV'$ 是 $SOC$、温度和寿命等参数的非线性函数。图 3-12 中，带有开关的 $R_hC_h$ 环节是镍氢电池模型的一个特点，这个环节可以用来模拟充电 $SOC$-$OCV$ 曲线和放电 $SOC$-$OCV$ 曲线之间的电压差。如果以镍氢电池充放电过程中的 $SOC$-$OCV$ 关系线的中心线作为参考 $SOC$-$OCV$，那么，充放电过程中的 $SOC$-$OCV$ 的电压差可以看成是对此参考线的滞后，称为滞后电压（Hysterisis Voltage）$U_h$。带开关 $RC$ 环节的开关 K 的动作为：当电流 $I$ 不为零时，开关 K 闭合，当电流 $I$ 为零时，开关 K 打开。

#### 3.5.2.4　GNL 模型

GNL 模型考虑了电池的欧姆极化、电化学极化和浓差极化，并考虑了自放电的影响，如图 3-13 所示。GNL 模型中有两个双向切换开关，当开关（1）和（3）接通时，模型描述为 $SOC$ 为 0 时的状态；当开关（2）和（3）接通时，模型描述考虑自放电的电池正常状态（$SOC$ 为 0 ~ 1）；当开关（2）和（4）接通时，模型描述电池过充电的状态。

模型中各电路元件的物理含义是：$I_L$ 为负载电流；$U_L$ 为负载电压；$U_{OC}$ 为开路电压；$U_S$ 为放电终止电压对应的电压源电压；$C_r$ 为 $SOC$ 为 0 时的储能电容；$U_r$ 为 $SOC$ 为 0 时储能电容的电压；$R_0$ 为欧姆内阻，充电时为 $R_{oc}$，放电时为 $R_{od}$；$U_0$ 为欧姆内阻两端电压；$C_b$ 为储能大电容，用来描述由于放电或充电的累积引起的电池开路电压的变化；$U_b$ 为储能大电容两端的电压；$I_b$ 为流经储能大电容的电流；$R_e$ 为电化学极化内阻，充电时为 $R_{ec}$，放电时为 $R_{ed}$；

$C_e$ 为电化学极化电容；$U_e$ 为电化学极化电容两端电压；$I_e$ 为流经电化学极化内阻的电流；$R_p$ 为浓差极化内阻，充电时为 $R_{pc}$，放电时为 $R_{pd}$；$C_p$ 为浓差极化电容；$U_p$ 为浓差极化电容两端电压；$I_p$ 为流经浓差极化内阻的电流；$R_s$ 为自放电电阻；$I_s$ 为自放电电流；$U_s$ 为自放电电阻两端电压；$R_{oc}$ 为过充电电阻。

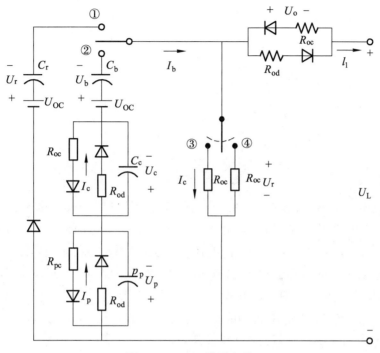

图 3-13　GNL 模型电路

一般情况下，GNL 模型被简化后进行使用和分析，图 3-14 所示为简化的 GNL 模型。

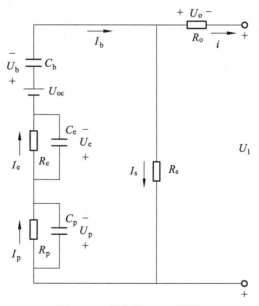

图 3-14　简化的 GNL 模型

### 3.5.2.5　CR 模型

由于 Thevenin 模型、PNGV 模型和 GNL 模型都以电容电阻网络为电路模型的组成部分，因此可从 GNL 模型衍生出如图 3-15 所示的电池模型。该模型能过从电容特性角度描述电池的极化特性，所以将该模型命名为容阻模型（Capacitive Resistance Model，CR）。

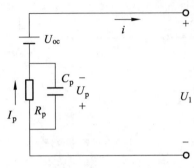

图 3-15　CR 模型

比较 Rint 模型、Thevenin 模型、PNGV 模型、GNL 模型和 CR 模型的电路结构可以发现：将 GNL 模型中电化学极化电路和浓差极化电路合并，忽略自放电的影响，不考虑过充电过程，即得到 PNGV 模型；剔除 PNGV 模型中的电容，不考虑负载电流的时间累计产生的开路电压的变化，则得到 Thevenin 模型；剔除 Thevenin 模型中的欧姆内阻，则得到 CR 模型；剔除 Thevenin 模型中的极化电路，只考虑电池的欧姆极化，则得到 Rint 模型。所以 GNL 模型是 Rint 模型、Thevenin 模型和 PNGV 模型的归纳与发展，CR 模型、Rint 模型可以看成是 PNGV 模型、GNL 模型和 Thevenin 模型的基本组成部分。

### 3.5.2.6　动态模型

该模型由 Massimo Ceraolo 提出，主要包括主反应支路和寄生支路 2 部分，如图 3-16 所示。该模型内部参数相对较少，并且较为精确地表述了蓄电池的特性。

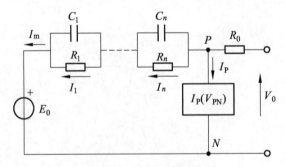

图 3-16　动态模型

图 3-16 中的 $RC$ 网络、电压源 $E_m$ 为主反应支路；电流 $I_p$ 的流向为寄生支路。主反应支路考虑了电池内部的欧姆效应、能量散发和电极反应。寄生支路则主要考虑充电过程中的析气反应。在图 3-16 所示模型的基础上，Massimo Ceraol 又进一步提出了三阶动态模型，如图 3-17 所示。

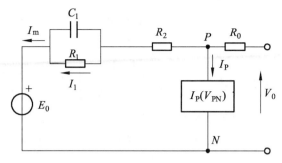

图 3-17 三阶动态模型

由于等效电路中的元件都与 SOC（DOC）有关，因此有必要先定义 SOC 和 DOC。SOC 表示在温度 $\theta$ 给定的条件下，电池相对于其最大容量的充满程度；DOC 表示电池相对于其实际容量（实际放电条件下电池的容量），也就是以实际恒定电流 $I$（电流变化时取平均电流 $I_{avg}$）放电时得到的电池容量）的充满程度。

$$SOC = 1 - Q_e / C(0, \theta) \qquad (3-19)$$

$$DOC = 1 - Q_e / C(I_{avg}, \theta) \qquad (3-20)$$

上两式中，$Q_e(t) = Q_{e\_init} + \int_0^t -I_m(\tau)\mathrm{d}\tau$。其中，$Q_{e\_init}$ 为初始放出的电量；充电时 $I_m$ 为正值，放电时 $I_m$ 为负值。

$C(I, \theta)$ 是电池容量，它与电流和电解液温度有关，其表达式为

$$C(I, \theta) = \frac{K_c C_0^* (1 + \dfrac{\theta}{-\theta_f})^\varepsilon}{1 + (K_c - 1)(\dfrac{I}{I^*})^\delta} \qquad (3-21)$$

式中，$C_0^*$ 为 0℃ 条件下以参考电流 $I^*$ 放电时得到的电池容量；$\theta_f$ 为电解液冰点温度；$K_c$，$\varepsilon$，$\delta$ 为经验系数，在电池和参考电流厂给定时为常数。

取电流 $I_1$、放出的电量 $Q_e$ 和电解液温度 $\theta$ 为状态变量。根据 $RC$ 网络 $R_1$、$C_1$ 中的电压电流关系可得

$$\left.\begin{array}{l} I_{C1} = I_m - I_1 \\[2mm] I_{C1} = \dfrac{\mathrm{d}(C_1 u_{C1})}{\mathrm{d}t} = \dfrac{\mathrm{d}\left(\dfrac{\tau_1}{R_1} u_{C1}\right)}{\mathrm{d}t} = \dfrac{\mathrm{d}(\tau_1 I_1)}{\mathrm{d}t} = \tau_1 \dfrac{\mathrm{d}I_1}{\mathrm{d}t} \end{array}\right\} \Rightarrow \dfrac{\mathrm{d}I_1}{\mathrm{d}t} = \dfrac{1}{\tau_1}(I_m - I_1) \qquad (3-22)$$

式（3-22）中，$\tau_1 = R_1 \cdot C_1$，电池给定时该参数为常数；$I_{C1}$ 为流过电容 $C_1$ 的电流；$u_{C1}$ 为电容 $C_1$ 两端的电压。

电流 $I_m$ 正方向如图 3-13 所示，由电流的定义容易得到：

$$\frac{\mathrm{d}Q_e}{\mathrm{d}t} = -I_m \qquad (3-23)$$

实际上，电池电解液温度并不均一，但为了避免过于复杂，本模型中假设电解液各点温度相同，则计算电解液温度的方程就可以简单表示为

$$C_{\theta}\frac{\mathrm{d}\theta}{\mathrm{d}t}=\frac{\theta-\theta_{\alpha}}{R_{\theta}}+P_{\mathrm{S}}\Rightarrow\frac{\mathrm{d}\theta}{\mathrm{d}t}=\frac{1}{C_{\theta}}\left[P_{\mathrm{S}}-\frac{\theta-\theta_{\alpha}}{R_{\theta}}\right] \tag{3-24}$$

式（3-24）中，$C_{\theta}$ 为电池热容；$\theta$ 为电解液温度；$R_{\theta}$ 为电池与周围环境之间的热阻；$\theta_{\alpha}$ 为电池周围环境（通常是空气）的温度；$P_{\mathrm{S}}$ 为热源功率，该参数反映了电池内部放出的热量。由（3-22）~（3-24）式可得模型的动力学方程：

$$\begin{cases} \dfrac{\mathrm{d}I_1}{\mathrm{d}t}=\dfrac{1}{\tau_1}(I_{\mathrm{m}}-I_1) \\ \dfrac{\mathrm{d}Q_{\mathrm{e}}}{\mathrm{d}t}=-I_{\mathrm{m}} \\ \dfrac{\mathrm{d}\theta}{\mathrm{d}t}=\dfrac{1}{C_{\theta}}\left[P_{\mathrm{S}}-\dfrac{\theta-\theta_{\alpha}}{R_{\theta}}\right] \end{cases} \tag{3-25}$$

在（3-22）~（3-24）式中，$\tau_1=R_1\cdot C_1$，$E_{\mathrm{m}}$，$R_0$，$R_1$，$R_2$ 的表达式为

$$E_{\mathrm{m}}=E_{\mathrm{m0}}-K_{\mathrm{E}}(273+\theta)(-SOC) \tag{3-26}$$

$$R_0=R_{00}[1+A_0(1-SOC)] \tag{3-27}$$

$$R_1=-R_{10}\ln(DOC) \tag{3-28}$$

$$R_2=R_{20}\frac{\exp[A_{21}(1-SOC)]}{1+\exp(A_{22}I_{\mathrm{m}}/I^*)} \tag{3-29}$$

对于特定的电池，上列表达式中的参 $E_{\mathrm{m0}}$，$K_{\mathrm{E}}$，$R_{00}$，$A_0$，$R_{10}$，$R_{20}$，$A_{21}$，$A_{22}$ 为常量。容量表达式 $C(I,\theta)$ 中的电流取 $I_{\mathrm{avg}}=I_1$。

寄生支路具有很强的非线性特性。因此，最好用 $I_{\mathrm{P}}$ 和 $V_{\mathrm{PN}}$ 之间的函数关系来代替 $R_{\mathrm{P}}$。下面的方程与 Tafel 方程一致。

$$I_{\mathrm{P}}=V_{\mathrm{PN}}G_{\mathrm{P0}}\exp\left(\frac{V_{\mathrm{PN}}}{V_{\mathrm{P0}}}+A_{\mathrm{P}}\left(1-\frac{\theta}{\theta_{\mathrm{f}}}\right)\right)，即为$$

$$I_{\mathrm{P}}=G_{\mathrm{P}}V_{\mathrm{PN}},G_{\mathrm{P}}=G_{\mathrm{P0}}\exp\left(\frac{V_{\mathrm{PN}}}{V_{\mathrm{P0}}}+A_{\mathrm{P}}\left(1-\frac{\theta}{\theta_{\mathrm{f}}}\right)\right) \tag{3-30}$$

这些表达式中的参数 $G_{\mathrm{P}}$，$V_{\mathrm{P0}}$，$A_{\mathrm{P}}$ 对于特定的电池来说是常量。虽然寄生支路具有的非线性特性使 $E_{\mathrm{P}}$ 和电阻 $R_{\mathrm{P}}$ 没有明确的物理意义，但仍可得到下面的表达式：

$$R_{\mathrm{P}}=\frac{V_{\mathrm{PN}}-E_{\mathrm{P}}}{I_{\mathrm{P}}} \tag{3-31}$$

假设进入寄生支路的电能完全转化为热能（即 $E_{\mathrm{P}}=0$），则由寄生支路产生的热量：

$$P_{\mathrm{SP}}=V_{\mathrm{PN}}^2/I_{\mathrm{P}} \tag{3-32}$$

电池放电时，因为 $R_2 \approx 0$，且 $I_p \approx 0$，所以电阻 $R_2$ 和整个寄生支路都可以忽略。模型中包含的参数原则上可以通过实验确定。

在求解该模型并得到状态变量的解之后，就可以根据电路定律，求出铅酸蓄电池的各种电学特性（如电压、电流外特性等）。

模型优点：考虑了电池的动态特性、极化效应以及温度敏感性，模型清晰明了，具有明确的物理意义。

模型缺点：

① 该模型没有考虑电解液浓度、极板活性物质的状态、环境温度的不稳定等因素对蓄电池充/放电过程的影响；

② 电池容量 $C(I, \theta)$ 除了与充放电电流、温度相关之外，还应考虑充放电截止电压、电池老化等因素；

③ 三阶动态模型涉及较多参数，其有效性和精确度直接影响蓄电池的仿真结果，并且在进行 Simulink 仿真时，需要分别仿真充放电过程，因此要做进一步改进。

### 3.5.3 神经网络模型

电池是一个高度非线性的系统，到目前为止还没有在所有工作范围内都能描述电池特性的解析数学模型。神经网络具有非线性的基本特性，具有并行结构和学习能力，对于外部激励能给出相对应的输出响应，适合进行电池建模。

ADVISOT 从 1999 年开始使用神经网络模型，此模型由美国科罗拉多大学 R.Mahajan 教授设计，为一个双层神经网络，输入为需求功率和 $SOC$，输出为电池电流和电压。模型参数基于 12 V 铅酸电池，通过在 25 ℃ 时的试验数据训练得到。试验验证，神经网络模型的精度可以达到 5%。

有研究者采用三层神经网络来估计电池 $SOC$，利用 BP（Back Propagation Algorithm）算法来训练，中间层神经元响应函数为 log-sigmoid 函数（ $L_s(x) = \dfrac{1}{1 + e^x}$ ）。

神经网络输入变量的选择和数量影响模型的准确性和计算量。神经网络方法的误差受训练数据和训练方法的影响很大，所有的电池试验数据都可用来训练模型并优化模型性能。而经此数据训练的神经网络模型只能在原训练数据的范围内使用，因此神经网络更适用于批量生产的成熟产品。

### 3.5.4 黑箱模型

黑箱方法（又称系统辨识）是通过考察系统的输入与输出关系认识系统功能的研究方法。它是探索复杂大系统的重要工具，系统辨识是在输入、输出的基础上，从一类系统中确定一个与所测系统等价的系统。黑箱就是指那些不能打开箱盖，又不能从外部观察内部状态的系统。

黑箱方法也是控制论的主要方法，具体做法是：首先给黑箱一系列的激励（系统输入），再通过观察黑箱的反应（系统输出），从而建立起输入和输出之间的规律性联系，最后把这种联系用数学的语言描述出来形成黑箱的数学模型。黑箱方法不涉及复杂系统的内部结构和相互作用的大量细节，而只是从总体行为上去描述和把握系统、预测系统的行为，这在研究复杂系统时特别有用。

　　黑箱方法的目的在于通过为黑箱建立模型，把黑箱变成白箱，有时黑箱模型不止一个，这种情况下系统辨识其中最合理的一个。但是，黑箱模型建立在大量实验数据基础上，应用受到了一定的限制。

## 参考文献

[ 1 ] 董晓文，何维国，蒋心泽，等. 电力电池储能系统应用与展望[J]. 供用电，2011, 28(01): 5-7.

[ 2 ] 方彤，王乾坤，周原冰. 电池储能技术在电力系统中的应用评价及发展建议[J]. 能源技术经济，2011, 23(11): 32-36.

[ 3 ] 杨勇. 新型锂离子电池正极材料的研究现状及其发展前景[J]. 新材料产业，2010(10): 11-14.

[ 4 ] 吴福保，杨波，叶季蕾，等. 大容量电池储能系统的应用及典型设计：大规模储能技术的发展与应用研讨会论文集[C]. 天津：中国科学技术协会，2011.

[ 5 ] 钱良国，郝永超，肖亚玲. 锂离子等新型动力蓄电池成组应用技术和设备研究最新进展[J]. 机械工程学报，2009, 45(02): 2-11.

[ 6 ] 李索宇. 动力锂电池组均衡技术[D]. 北京：北京交通大学，2011.

[ 7 ] 付正阳，林成涛，陈全世. 电动汽车电池组热管理系统的关键技术[J]. 公共交通科技，2005, 22(3): 120-123.

[ 8 ] 王丽娜，杨凯，惠东，等. 储能用锂离子电池组热管理结构设计[J]. 电源技术，2011, 35(11): 1351-1353.

[ 9 ] 林成涛，王燕超，陈勇，等. 电动汽车用 MH-Ni 电池组不一致性试验与建模[J]. 电源技术，2005, 29(11): 750-754.

[10] 宫学庚，齐铂金. 电动汽车电池组离散特性的建模与分析[J]. 汽车工程，2005, 27(3): 292-295.

[11] 王震坡，孙逢春，张承宁. 电动汽车动力蓄电池组不一致性统计分析[J]. 电源技术，2003, 27(5): 438-441.

[12] 林成涛，王军平，陈全世. 电动汽车 SOC 估计方法原理与应用[J]. 电池，2004, 34(5): 376-378.

[13] 麻友良，陈全世. 铅酸电池的不一致性与均衡充电研究[J]. 武汉科技大学学报(自然科学报)，2001, 24(1): 48-51.

[14] 麻友良，陈全世. 混合动力电动汽车用蓄电池不一致的影响分析[J]. 汽车电器，2001(02): 5-9.

[15] 王震坡，孙逢春. 电动汽车电池组连接可靠性及不一致性研究[J]. 车辆与动力技术，2002(04): 11-15.

# 第4章

# 储能电池管理系统

## 4.1 电池管理系统结构

电池管理系统的主要目的是保障电池的安全稳定运行，提高电池的循环效率并延长使用寿命。鉴于大规模储能系统中庞大的电池信息量和管理需求，电池管理系统可采用分层管理模式。根据不同储能系统中电池的成组方式，电池管理系统（BMS）具有两种典型结构：① 采用电池模块管理单元（Battery Modular Management Unit，BMMU）和电池组管理单元（Battery Cluster Management Unit，BCMU）的双级拓扑结构；② 采用电池模块管理单元（BMMU）、电池组管理单元（BCMU）和电池阵列管理单元（Battery Array Management Unit，BAMU）的三级拓扑结构。

### 4.1.1 双级拓扑结构

当电池储能系统的规模较小且储能电池由单串电池构成时，可采用双级拓扑结构的电池管理系统，如图 4-1 所示。该电池管理系统由多个电池模块管理单元（BMMU）和 1 个电池组管理单元（BCMU）组成，系统内部用 CAN 总线进行数据传输，以确保通信的可靠性和高效性。这种拓扑结构可根据电池箱的数量灵活调整 BMMU，便于储能电池的信息采集和管理。BMMU 和 BCMU 的层次关系如下：

BMMU 可在线自动检测电池模块中各单体电池的电压和温度，电池箱的端电压、充放电电流和温度等；可实时对电压、电流和温度进行超限报警；可分析出单体电池的最高/最低电压、最高/最低温度等信息，计算电池模块的荷电状态（SOC），并实现电池模块内电池之间的均衡。总体上，BMMU 集电池运行信息采集、充电均衡管理、故障诊断等功能于一体，它将采集的信息传输给 BCMU。

BCMU 与 BMMU 进行实时通信获取电池数据（电池单体电压和温度，电池模块 SOC）获取并判断故障信息。此外，BCMU 可进行系统上电自检，具备电池正负极对机壳的绝缘检测功能，可控制主接触器的闭合，能检测电池组的端电压和电流，计算电池组的荷电状态（SOC），实现电池模块之间的均衡。BCMU 分析出电池组的综合信息后，通过独立的 CAN 总线或 RS485 分别与储能变流器（PCS）、监控调度系统进行智能交互。

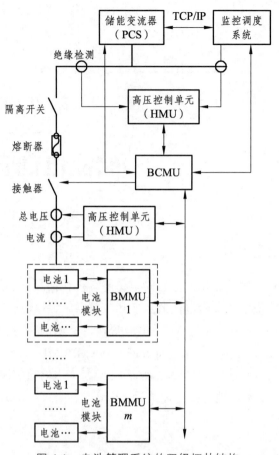

图 4-1　电池管理系统的双级拓扑结构

### 4.1.2　三级拓扑结构

当电池储能系统的规模较大时，储能电池由多串电池组构成，可采用三级拓扑结构的电池管理系统，如图 4-2 所示。该电池管理系统由多个电池模块管理单元（BMMU）、多个电池组管理单元（BCMU）和 1 个电池阵列管理系统（BAMU）组成，系统内部用 CAN 总线进行数据传输。同样地，这种拓扑结构便于单串电池组的更换和升级，从而利于整个电池储能系统的扩容和维护。

BMMU、BCMU 和 BAMU 的层次关系如下：

BMMU 的功能与二级拓扑结构中的 BMMU 一致。

BCMU 的功能与二级拓扑结构中的 BCMU 一致。

BAMU 汇集所有 BCMU 的信息，负责整个电池储能系统的运行状态监视和 SOC、SOH 的估算，并与储能变流器、上层监控通信。BAMU 按照一定的控制策略，对 BCMU 下达控制命令，统筹管理每串电池组的接入与断开。

电池管理系统的拓扑结构除了受制于储能电池的成组方式，还与电池储能系统的成本、空间分布以及电池箱结构相关。因此，应根据不同电池储能系统的管理需求，合理配置电池管理系统。

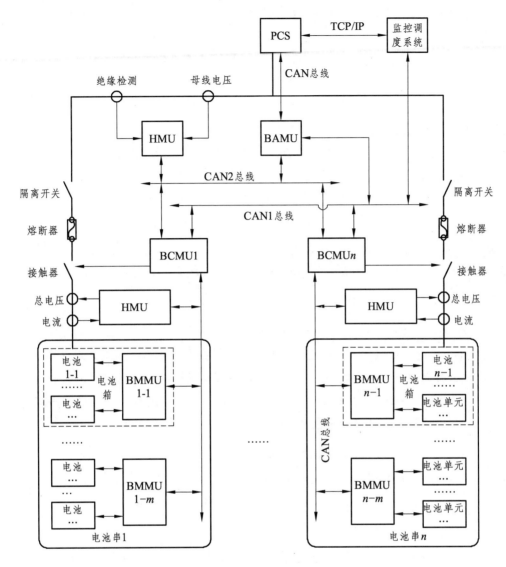

图 4-2　电池管理系统的三级拓扑结构

## 4.2　主要功能

为了保证电池储能系统能正常与电网进行能量交换，电池管理系统必须对储能电池的相关参数进行实时监测、上传，并及时对储能电池的整体状况进行自动修复。电池管理系统应具备的主要功能可以概括为以下几部分：

### 1. 电池参数检测和管理

检测电池参数是电池管理系统的基本功能。电池参数直观地反映了电池的运行状态，为电池管理系统的其他功能提供了数据支持。由于电池参数在后续计算中需要频繁使用，其可靠性和精度具有传导性，因此测量的准确性尤为重要。

电池管理系统需要检测的参数有：单体电池电压、总电压、充放电电流、电池箱温度、分切开关状态、绝缘电阻等。由于每串电池组由上百只单体电池串联组成，每一只单体电池的好坏都会影响整个电池组的性能，必须对每只单体电池的电压进行监测；总电压描述了电池组对外的电压特性，是电池组的重要参数；充放电电流是电池储能系统发生能量交换时流过电池组的电流，是计算电池荷电状态的重要参数，也是影响电池性能的重要运行条件；电池的运行温度及其分布是影响整个电池组性能的关键参数，为保证电池正常工作和运行条件一致性，必须对温度进行实时监测并调节；每个电池箱内由多个电池模块构成，如果其中某组电池出现故障应由切换开关将该组断开，电池管理系统需要检测这些开关的开闭状态是否到位；绝缘电阻是反映电池储能系统是否漏电的参数，关系人身安全。

2. 数据通信管理

电池管理系统的各子系统之间一般通过 CAN 总线或 RS485 进行数据交换和命令控制。电池管理系统向储能变流装置、上层监控传递数据都需要通过通信完成。所以，要确保整个电池储能系统的正常工作，加强通信链路的稳定性十分重要。

3. 在线 SOC（State of Charge）诊断

电池 SOC 即电池荷电状态，是反映电池剩余电量的参数。为了延长电池使用寿命，减少对电池的损害，需要避免过充电和过放电，SOC 是关键指标之一。此外，SOC 是电池储能系统控制的重要参数，SOC 的精确估算是电池管理系统必不可少的环节。SOC 的估算与充放电电流、温度等因素有关，计算方法较多。

4. 健康状态 SOH（State of Health）诊断

电池 SOH 即电池健康状态，包括容量、功率、内阻等性能，反映电池组寿命的参数。其准确性受单体特性、放电率、温度和电池组一致性等多个因素的影响。

5. 均衡管理

均衡管理可以最大程度地避免电池由于制造和运行造成的不一致性，延长电池使用寿命和能量利用率。

6. 故障诊断与保护

为确保电池在充放电过程中的安全性，电池管理系统对各类电池的工作参数设定了安全范围。若参数超过设定值，则根据超限的严重程度划分为不同等级：第一个等级为报警级，超过此限度将直接报警；第二个等级为切除级，超过此限度为严重故障，电池管理系统直接断开该支路接触器，避免电池组并入电网。电池管理系统设置的主要参数对象包括：充放电过流值、单体过压/欠压值、过温/低温值、SOC 过高/过低值、电池模块过压/欠压值等。

以上各项功能是根据目前电池储能系统的应用需求进行划分的，针对不同的储能电池类型和未来技术的发展，后期将会对功能进行扩充。以下各节将详细介绍 SOC 估算技术、SOH 估算技术、均衡管理技术和保护技术。

## 4.3　荷电状态（SOC）估算技术

### 4.3.1　定义

通常把一定温度下，电池充电到不能再吸收电量时的状态理解为 SOC=100%的状态，而将电池不能再放出电量时的状态理解为 SOC=0%的状态。目前，从电量角度出发，较为统一的 SOC 定义是美国先进电池联合会在《电动汽车电池实验手册》中的定义：SOC 为电池在一定放电倍率下，剩余容量与相同条件下额定容量的比值。

恒流放电时，SOC 数值上等于电池剩余容量占相同条件下电池额定容量的比值

$$SOC = \frac{Q_C}{Q_t} \times 100\% = \left(1 - \frac{\Delta Q}{Q_t}\right) \times 100\% \qquad (4\text{-}1)$$

其中，$Q_c$ 为电池剩余容量（Ah）；$Q_t$ 为电池以恒定电流 $I$ 放电时所具有的容量（Ah）；$\Delta Q$ 为电池已放出的电量

日本本田公司电动汽车 SOC 的定义为

$$SOC = \frac{剩余电量}{额定电量 - 电量衰减因子} \qquad (4\text{-}2)$$

式（4-2）中，剩余电量=额定电量-净放电量-自放电量-温度补偿电量。

这种方法综合考虑了储能电池的自放电、温度和老化因素的影响。从理论上说，这种方法比较理想，但计算的数据量较多，关系颇为复杂，得出的结果可信度不高。

影响 SOC 准确计量的因素很多，其中开路电压、温度、充放电电流、循环次数等都与 SOC 密切相关，忽视其中任何一种因素的影响都可能导致 SOC 的估算值误差增大。

### 4.3.2　估算方法

电池的 SOC 通过对电池的外特性，如电池电压、充放电电流、电池内阻以及温度等参数的实时监测值计算得到。常用的电池 SOC 估算方法有放电实验法、安时计量法、开路电压法、电池阻抗法、卡尔曼滤波法等。每种估算方法都有其优缺点，表 4-1 对不同 SOC 的估算方法进行了比较。

表 4-1　不同 SOC 估算方法比较

| 方法 | 应用领域 | 优点 | 缺点 |
|---|---|---|---|
| 放电试验法 | 适用于所有电池系统，适用初期电池容量判断 | 易操作且数据准确，与 SOH 无关 | 无法在线测试，费时，改变电池状态时有能力损失 |
| 安时积分法 | 适用于所有电池系统 | 可在线测试，受电池本身情况限制小，易于发挥微机监测的优点 | 没有从电池内部解决电量与 SOC 的关系，只是从外部记录出入电池的电量，电流精确测量成本高，对干扰比较敏感 |
| 开路电压法 | 铅酸、锂电池 | 简单、成本低 | 无法在线测试，电池需要长时间静置 |

| 方法 | 应用领域 | 优点 | 缺点 |
|---|---|---|---|
| 电池阻抗法 | 铅酸、镍镉 | 能在线测量,可给出SOH 信息 | 电池内阻值较小,且成因复杂,受电池的工作条件,如电流、温度等影响较大,只适用于低SOC 的状态 |
| 卡尔曼滤波法 | 适用于所有电池系统 | 可在线测量 | 需要合适的电池模型,确定参数困难 |
| 模糊推理和神经网络法 | 适用于所有电池系统 | 可在线测量 | 需要大量的电池训练数据 |

### 1. 放电实验法

放电实验法是最可靠的 SOC 估算方法,采用恒定电流进行连续放电,放电电流与时间的乘积即为放电电量。放电实验法在实验室中经常使用,适用于所有电池,但该方法存在显著的缺点:测量时间长,且电池必须停止工作。

### 2. 安时积分法

安时积分法是最常用的 SOC 估算方法。安时积分法是一种基于黑箱原理的方法。该黑箱与外部进行能量交换,通过对进出黑箱的电流在时间上进行积分,从而记录黑箱的能量变化。这种方法的优点是不必考虑电池在黑箱内部的状态变化和其他因素的影响,因此简单易行。如果充/放电起始状态为 $SOC_0$,那么当前状态的 $SOC$ 为:

$$SOC = SOC_0 - \frac{1}{C_N} \int_0^t \eta I d\tau \qquad (4-3)$$

式中, $C_N$ 为储能电池的额定容量; $\eta$ 为充放电效率; $I$ 为充/放电电流。

但是,这种方法存在以下问题:① 初始 $SOC$ 值难以确定;② 充放电效率 $\eta$ 难以测量;③ 在高温状态下,充放电电流 $I$ 波动较为剧烈,导致估算误差较大。虽然电流的测量可以通过使用高性能电流传感器予以解决,但成本增加。充放电效率 $\eta$ 可通过前期大量实验并建立经验公式获取。

若电池在满充满放的运行模式下工作,且充电过程为恒流充电,那么在充电完成时有一个相对稳定的初始值确定点(充电完成时 $SOC$ 为 100%);同时,电池的充电效率很高(95% 以上),可以认为充电效率近似为 1 或等于某一恒定值,那么每一个充放电周期的累计误差在下次充电完成时基本可以随 $SOC$ 初始值的重新标定而消除。若电池在浮充模式或充放电频繁切换的状态下工作,即电池组的初始值很难标定,无法修正累计误差,则该方法的计算结果会有较大偏差。

### 3. 开路电压法

开路电压法比较简单,一般适合于 $SOC$ 随开路电压($OCV$)变化明显的储能电池,尤其是在充放电初期和末期。镍氢电池的 $SOC$ 与 $OCV$ 有一定的直线关系(正比关系);锂电池和铅酸蓄电池在其性能完全稳定的时候,其 $OCV$ 与 $SOC$ 也存在明显的线性关系。

但是，该方法受以下几个方面因素的影响：① 静置时间。静置时间过短，电池电压没有完全恢复，不能正确反映当前电池的开路电压；静置时间过长，自放电效应明显，实际 $SOC$ 值比预定值偏低，对测量结果造成误差。② 前一时刻的充放电状态。在不考虑静置前的充放电状态的前提下，$SOC$ 与 $OCV$ 之间不存在任何关系。相同的 $OCV$ 所对应的充电后静置的 $SOC$ 与放电后静置的 $SOC$ 之差可以达到 50%以上。③ 温度。在温度变化较大的时候，同一个电池在相同的 $SOC$ 下表现出来的 $OCV$ 差异较大。

### 4. 电池阻抗法

该方法用不同频率的交流电激励电池，并测量电池内部的交流电阻。然后，通过建立的计算模型得到 $SOC$ 估计值。以放电量达到蓄电池可放电容量的 80%为分界点，分别使用安时（Ah）法和电流-电阻（$IR$）法。主要方法为：假设在某时刻蓄电池的总容量为 $C$（A·h），则不影响蓄电池寿命的可放电容量为 $0.8C$（A·h），在 0~80%的可放电范围内，每 1/8 s 对放电电流采样一次，然后对放电电流和放电时间进行积分，计算出释放电量，进而求出在此放电范围内电池的 $SOC$，即 Ah 法。在 80%~100%的可放电范围内，通过测量蓄电池的内阻，利用内阻和容量的确定关系，求出蓄电池的 $SOC$ 状态，对通过安时法求出的 $SOC$ 进行补偿，即电流-电阻（$IR$）法。这种方法在理论上很简单，考虑了电池的放电电流和内阻两个基本因素，但没有考虑温度、使用寿命以及储能电池组各单体电池的不均衡性等因素的影响，且电池内阻的成因复杂，受未来放电制度的影响，故计算精度不高。

### 5. 卡尔曼滤波法

卡尔曼滤波理论的核心思想是对动力系统的状态做出最小方差意义上的最优估计。卡尔曼滤波将 $SOC$ 看作电池系统的一个内部状态，通过递推算法实现 $SOC$ 的最小方差估计。算法的核心是一组由滤波器计算和滤波器增益计算构成的递推公式，滤波器计算根据输入量包括电流、电压、温度等进行状态递推，得出 $SOC$ 估计值；滤波器增益计算根据变量的统计特性进行递推运算，得到滤波增益，同时得出估计值的误差。

卡尔曼滤波法的优点是在估算过程中保持很好的精度，表现在两方面：一方面是对初始值的误差有很强的修正作用，即使电池组的静置时间不够长，递推的初始值不够准确，对估计值的影响也会逐渐减弱直至消失，使估计趋于无偏；另一方面由于在计算过程中考虑了噪声的影响，所以对噪声有很强的抑制作用，特别适合于电流变化较快的混合动力汽车。

卡尔曼滤波法的缺点主要有：一方面其精度与电动势法一样，依赖于电池电气模型的准确性，建立准确的电池模型是算法的关键；另一方面是运算量比较大，通过选择简单合理的电池模型和运算速度较快的处理器可以克服这一缺点。

### 6. 模糊推理和神经网络法

这两种方法的原理是从系统的输入、输出样本中获取系统的输入输出关系。神经网络法采用模糊逻辑推理与神经网络技术对电池剩余容量进行估计。优点是：① 利用电池的开路电压去估计电池的剩余容量，可以避免考虑电池的老化问题；② 由于模糊逻辑推理揉合了人对事物观察、研究而掌握的先进经验，因此具有简单、可靠的优点；③ 充分利用了神经网络对曲线的强拟合能力，并且所需的网络结构非常简单，易于实现。神经网络法的缺点在于：整个容量预估系统的精度不仅取决于神经网络的估计精度，更取决于模糊逻辑推理的输出结果。

## 4.4 健康状态（SOH）估算技术

### 4.4.1 定义

电池的健康状态（SOH）用来反映电池的老化程度，随着电池的老化，其最大放电容量会逐渐衰减，可作为判断电池使用寿命的参数。SOH 的定义式为

$$SOH = \frac{Q_{\max}}{Q_{\text{rated}}} \times 100\% \tag{4-4}$$

式中，$Q_{\max}$ 为电池的最大放电容量，$Q_{\text{rated}}$ 为电池的额定容量。

### 4.4.2 估算方法

电池 SOH 的估算方法包括全放电试验法、内阻法、电导阻抗法、电化学阻抗频谱法、贝叶斯回归法、模糊理论估计法等。

全放电试验法将电池充分放电并对所放电量进行测量，该方法在实际应用中耗费大量时间，需要中断电池工作。

内阻法通过对电池加载负载，并根据欧姆定律测量电压电流变化之比来确定电池内阻。由于内阻随着电池的老化会逐渐增大，通过内阻的测量法可以判别电池的老化程度，但是该方法无法准确确定电池的最大可用容量。

电导阻抗法通过电池两端加交流电流或电压信号，测量电压或电流的响应，伴随电池的不断老化，电导会降低，阻抗会增大，由此判定电池的 SOH。但是，该方法与内阻法相同，不能准确确定电池的最大可用容量。

电化学阻抗频谱法以小振幅的正弦波为扰动信号，测量宽频范围阻抗谱来判定电池健康状态。

贝叶斯回归法基于关联向量计算法，通过电池某些相关参数对目标参数进行修正，预测电池的 SOH。该方法对电池内部不可测状态量能较准确推断和估计，不仅可以得到电池系统失效时间的平均估计值，还可以得出故障的预期时间概率分布。

模糊理论估计法以模糊数学和模糊诊断原理为基础，通过症状隶属度的确定，以及模糊关系矩阵参数和阈值的确定，对电池的健康状态进行诊断估计。该方法对复杂、非线性系统具有较好的适应性，但参数的选择对健康状态的估计影响较大。

## 4.5 均衡管理技术

电池单体一致性差异导致电池单体成组后的可用容量和循环寿命急剧下降，为了避免制造工艺和使用过程中存在的电池一致性差异问题在使用过程中日趋严重，需要对电池组进行均衡。电池均衡管理的思想是在充电过程中使高能单体电池慢充、低能单体电池快充；而在

放电过程中，使高能电池快放、低能电池慢放。电池均衡控制目标一般分三种：端电压、最大可用容量、实时 $SOC$。

以端电压为均衡目标的控制策略是在充放电过程中实时测量电池单体工作电压，对组内电压高的电池进行放电，电压低的电池进行充电，由此调整电池组电压趋于一致。这是目前应用最广泛的均衡法，其控制方式容易实现，对算法要求不高。缺点是用单一电压均衡，均衡的精度和效率难以保证，尤其是对于并联电池单体，无法应用该策略均衡。

以容量和实时 $SOC$ 为均衡目标的控制策略是指在充放电过程中控制各电池的剩余容量或 $SOC$ 相近。由于容量和 $SOC$ 都是不能直接测量得到的电池参数，是通过一次测量量（电压、电流、温度等）计算得到的二次量，计算的准确度受计算方法、电池模型、电池老化、自放电、温度等因素影响，很难确切掌握每节单体电池的具体容量和 $SOC$。因此，目前这种控制策略应用较少。

按照均衡过程中均衡元件对能量的消耗情况可分为有损无源和无损有源技术。有损无源技术，也称为放电均衡或被动均衡，是单体电池外加电阻旁路的结构，效率低，在电池过充时实现电流均衡的效果，但在电池放电时无法达到均衡的目的。无损有源技术，也称为能量转移法或主动均衡法，采用电池外加 DC/DC 的电路结构，效率高，能实现均充均放的功能，但需要高精度的电池电压采集作为均衡判决的基础，电路结构复杂，可靠性有待提高。

### 4.5.1　有损无源型

有损无源型的均衡电路基本结构如图 4-3 所示，电池 $B_1$、$B_2$、$\cdots$、$B_n$ 分别并联分流电阻 $R_1$、$R_2$、$\cdots$、$R_n$。当电池 $B_1$ 的电压过高时，控制电路将旁路控制开关 $S_1$ 合上，对应的分流电阻 $R_1$ 发热，阻止 $B_1$ 电压高于其他单体电压。通过控制电路反复检测，多轮循环后，达到整组电压一致。分流电阻 $R_1$ 取值一般为电池内阻的数十倍。

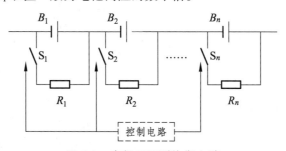

图 4-3　有损无源型均衡电路

该均衡技术是通过给电池组中每只单节电池并联一个电阻进行放电分流实现均衡目的。该方法的优点是结构简单，可靠性高，成本低；缺点是能耗较大，均衡速度慢，效率低，且电阻散热会影响系统正常运行，因此只适用于容量较小的电池组。对于大容量储能电站、电动汽车这种输出功率较大的应用场合，为了减小能量的损失，仍须采用无损有源型均衡技术。

### 4.5.2　无损有源型

无损有源又分为两种：一种是由储能元件（电感或电容）和控制开关组成；另一种主要是应用 DC—DC 变换技术控制电感、电容这些储能元件实现能量过渡，达到对电池单体补电或放电的目的。

开关电容法的拓扑如图 4-4 所示，电容 C 通过各级开关的通断存储电压较高的电池单体能量，再释放给电压较低的电池单体。该拓扑中的储能元件可以是电容或电感，原理相似。这种均衡方法的结构简单，容易控制，能量损耗比较小；但当相邻电池的电压差较小时，均衡时间会较长，均衡的速度慢，均衡效率低，对大电流快速充电的场合不适用。

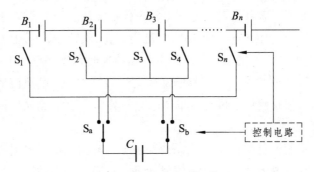

图 4-4　开关电容法拓扑

利用 DC—DC 变流器均衡的电路拓扑主要分为集中式和分布式两种。从理论上讲没有损耗，均衡速度快，是现在储能电池均衡的主流方案。

集中式变压器均衡法包括正激式和反激式两种结构，分别如图 4-5（a）和（b）所示。每个电池单体并联一个变压器副边绕组，各副边绕组匝数相等，使得电压越低的单体能够获得的能量越多，从而实现整个电池组的均衡。

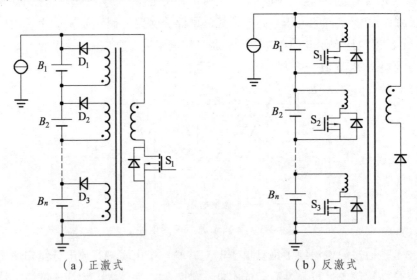

（a）正激式　　　　　　　　　　（b）反激式

图 4-5　集中式变压器均衡法拓扑结构

这种拓扑结构的优点是均衡速度快，效率高，损耗低。其缺点是当电压比较高、电池串联数量比较多时，变压器的副边绕组的精确匹配难度就会较大，变压器的漏感所造成的电压差也很难补偿，元件多，体积大不易于模块化，开关管耐压高。

分散式均衡法的结构是给每个单体配置一个并联均衡电路，分为带变压器的隔离型电路和非隔离型电路。

非隔离型拓扑是基于相邻单体均衡的双向均衡，不带变压器结构比较简单，比较适用于串联电池组数目较小的场合。Buck-Boost 电路和丘克电路是两种比较常见的拓扑结构，如图 4-6（a）和（b）所示。其控制策略是在相邻单元间压差达到允许范围内时均衡电路即可停止工作。

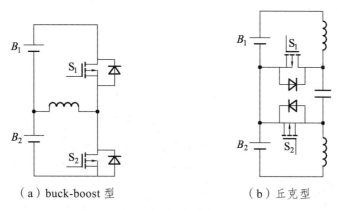

（a）buck-boost 型　　　　（b）丘克型

图 4-6　非隔离型均衡电路拓扑

隔离型拓扑如图 4-7 所示，每一个均衡电路都是一个带隔离变压器的 Buck-Boost 电路，优点是均衡效率高、开关器件上所承受的电压高低与串联级数多少无关，这种均衡结构比较适应于串联电池组数量较大的场合。其主要缺点是电路中有较多磁性元件，体积大，容易互感，变压器存在漏感，且难于将线圈保持完全一致。

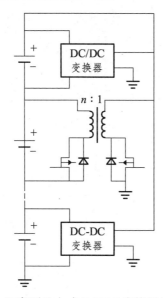

图 4-7　隔离型分布式 DC/DC 变换器均衡电路

实际应用中，储能系统通常可综合应用上述多种技术，如利用集中式 DC/DC 变流器拓扑作为使用频率较高的补电均衡电路，利用电阻耗散型均衡电路作为放电均衡电路，如图 4-8 所示。该均衡电路中，补电均衡电路中电流只需要单向流动，减少了开关器件的数量和成本，控制策略中以补电为主，放电为辅，兼能满足均衡效率和成本的双重要求。此外，综合利用开关电容法和分散式 DC/DC 变流器法，避免了开关电容法开关器件多、均衡效率低的缺点，减少了分散式 DC/DC 变流器法中总磁性元件的使用，减小了体积。

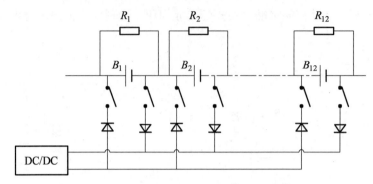

图 4-8　电阻型放电、DC/DC 补电电路

## 4.6　保护技术

电池的保护技术是通过保护限制发出告警信号或跳闸指令，实施就地故障隔离，保护电池安全。电池管理系统通常包含下列保护功能：首先是过压/欠压保护，其次是过流保护，再次是短路保护，最后是过温保护。图 4-9 是基于 R5421 的保护电路。

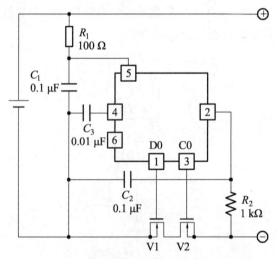

图 4-9　基于 R5421 的电池保护电路原理图

### 4.6.1　过压保护

不同电池的充电截止电压可通过其充电特性确定。通常，电池充电特性可分为三类：稳压型、负电压增量（$-\Delta V$）型、正电压增量（$+\Delta V$）型。

稳压型充电特性表现为：在充电末期，电池电压可自动均衡，典型的为传统铅蓄电池。其特点是氧气在大量的液体里面传递，当电压超过充电电压末端限制就会自动进入电解水的均衡状态，表现为"沸腾"或者"开锅"。通过观察电池的"沸腾"或者"开锅"即可确定充电截止电压。

负电压增量型充电特性表现为：在充电初期，电池电压逐渐上升。当 $SOC$ 达到 100% 后，若继续充电，电池电压将快速下降，呈"$-\Delta V$"特性。若不能及时减小充电电流或停止充电，充电电流将随电池电压的下降迅速上升，造成电池温度急剧升高，即产生热失控。具备这种充电特性的电池对温度敏感性较高，典型的为镍氢电池。通过检测电池充电过程中的负电压增量（$-\Delta V$）拐点，即可确定充电截止电压。

正电压增量型充电特性表现为：在充电初期，电池电压逐渐上升，当 $SOC$ 达到 100% 后，若继续充电，电池电压将持续上升，呈"$+\Delta V$"特性。当电池电压超过最高允许电压时，电池将受到伤害，甚至造成电池爆裂、燃烧或爆炸等恶性事故。阀控铅酸电池、锂离子电池具有典型的正电压增量型充电特性。通过检测电池充电过程中的正电压增量（$+\Delta V$）拐点，即可确定充电截止电压。

### 4.6.2 欠压保护

由放电曲线可知，当电池放电至某一电压值后，电压会急剧下降，在该点后继续放电，实际能获得的容量很少，且会对电池的使用寿命产生不良影响，所以必须在某适当的电压值终止放电，该截止电压称为放电终止电压。不同的放电率、电极板种类和电池类型，电池的放电终止电压不同，其具体数值根据应用需求、电池特性曲线和厂商提供的数据设定。一般，大电流放电时规定较低的终止电压，反之，小电流放电时规定较高的终止电压。

在电池放电过程中，当控制 IC 检测到电池电压低于放电截止电压时，"DO"脚将由高电压转变为 0 电压，使 V1 由导通转为关断，切断放电回路，实现欠压保护。此时，由于 V1 自带的体二极管 VDI 的存在，储能变流器可以通过该二极管对电池进行充电。

由于在欠压保护状态下电池电压不能再降低，因此要求保护电路的消耗电流极小，此时控制 IC 会进入低功耗状态，整个保护电路的耗电会小于 0.1 μA。在控制 IC 检测到电池电压低于放电截止电压至发出关断 V1 信号之间有一段延时时间，其长短由 C3 决定，通常约为 100 ms，以避免因干扰而造成误判断。

电池在欠压保护关断后，电压会逐渐升高，导致电路处于低压附近放电的时候会往复开通、关断功率管。为了防止这种情况的发生，需要采用下限自锁电路，图 4-10 是基于 CD4011 的下限自锁电路工作原理图。

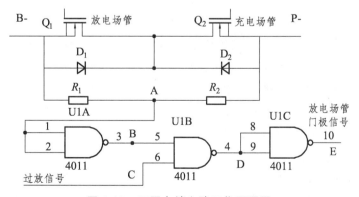

图 4-10　下限自锁电路工作原理图

### 4.6.3 过流保护

充放电电流对电池使用寿命和循环性能有重要影响。当电池充放电电流增加时，欧姆降和极化效应增加，放电电压下降，电池的使用时间缩短。因此，需进行过流保护。

电池在正常放电过程中，电流在流经串联的 2 个 MOSFET 时，由于受到 MOSFET 导通阻抗的影响，将在两端产生一个电压 $U$：

$$U = 2I * R_{DS} \qquad\qquad (4-5)$$

式中，$R_{DS}$ 为单个 MOSFET 的导通阻抗。

控制 IC 上的 "V-" 脚对该电压值进行检测，当回路电流大到使 $U>0.1$ V（该值由控制 IC 决定）时，其 "DO" 脚将由高电压转变为 0 电压，V1 由导通转为关断，切断放电回路，使回路中电流为零，实现过电保护。在控制 IC 检测到过流发生至发出关断 V1 信号之间也有一段延时时间，其长短由 C3 决定，通常约为 13 ms，以避免因干扰而造成误判断。

在上述控制过程中可知，其过流检测值大小不仅取决于控制 IC 的控制值，还取决于 MOSFET 的导通阻抗，当 MOSFET 导通阻抗越大时，对同样的控制 IC，过流保护值越小。

### 4.6.4 短路保护

短路保护的工作原理与过流保护类似，只是判断方法和延时时间不同。电池在放电过程中，若电流大到使 $U>0.9$ V（该值由控制 IC 决定）时，控制 IC 判断为负载短路，其 "DO" 脚将迅速由高电压转变为 0 电压，V1 由导通转为关断，切断放电回路，实现短路保护。短路保护的延时时间极短，通常小于 7 ms。

### 4.6.5 过温保护

电池的过温保护是通过风扇等冷却系统和热电阻加热装置使电池温度处于正常工作温度范围内。过温保护的关键是通过分析传感器显示的温度和热源的关系，确定电池的合理摆放位置，保证电池箱的热平衡与迅速散热。通过温度传感器测量自然温度和箱内电池温度，确定电池箱体的阻尼通风孔开闭大小，以尽可能降低功耗。

## 参考文献

[ 1 ] 许晓慧，徐石明，等. 电动汽车及充换电技术[M]. 北京：中国电力出版社, 2012.

[ 2 ] 袁永军. 纯电动汽车用电池管理系统研究[D]. 上海：同济大学, 2009.

[ 3 ] 钟文宇. 电动汽车电池管理系统[D]. 江西：南昌大学, 2009.

[ 4 ] 朱松然. 蓄电池手册[M]. 天津：天津大学出版社, 1998: 73-76.

[ 5 ] 付正阳，林成涛，陈全世. 电动汽车电池组热管理系统的关键技术[J]. 公路交通科技, 2005, 22(13): 119-123.

[ 6 ] 乔国艳. 电动汽车电池管理系统的研究与设计[D]. 湖北：武汉理工大学, 2006.

[ 7 ] 吴福保，杨波，叶季蕾. 电力系统储能应用技术[M]. 北京：中国水利水电出版社, 2014.

[ 8 ] 邓超. FCEV 车用磷酸铁锂电池管理系统研究与设计[D]. 湖北：武汉理工大学, 2011.

[ 9 ] 李哲. 纯电动汽车磷酸铁锂电池性能研究[D]. 北京：清华大学, 2011.

[10] 王林. 电动汽车磷酸铁锂动力电池系统集成及管理系统研究[D]. 上海：上海交通大学, 2010.

[11] 邱彬彬. 磷酸铁锂电池组均衡充电及保护研究[D]. 重庆：重庆大学, 2013.

[12] 童广浙. 磷酸铁锂储能电池管理系统设计[D]. 广西：广西大学, 2013.

[13] 张小东. 电动汽车磷酸铁锂电池管理系统的研究[D]. 重庆：重庆大学, 2008.

[14] 李娜, 白恺, 陈豪, 等. 磷酸铁锂电池均衡技术综述[J]. 华北电力技术, 2012(2): 60-65.

# 第 5 章

# 储能系统并网运行与控制技术

储能并网装置是储能系统中的核心设备，它是连接于电池组与电网之间，把电网电能存入电池组或将电池组能量回馈到电网的装置，主要由变流器及其控制系统组成。储能并网装置作为储能电池组与交流公共电网系统间进行能量交换的变流器，其安全性、稳定性、效率、生产成本等因素对储能系统的整体投资和收益具有举足轻重的地位。

储能并网装置作为一种新型变流装置，目前尚不具有成熟的一致性的主电路拓扑结构及控制策略。限于功率器件的电压耐量和高压使用条件的矛盾，不同设备制造厂家的储能并网装置采用不同的功率器件和不同的主电路拓扑结构，以适应不同的电压等级和满足各种不同的应用需求。

## 5.1 储能变流器（PCS）类型

根据隔离方式的不同，储能并网装置可以分为三种类型：无隔离变压器型、工频变压器隔离型及高频变压器隔离型。无隔离变压器型的并网装置存在发电安全性、并入交流电网中的直流分量大等问题，在大部分地区逐步被禁止，其中美国完全禁止无隔离变压器型的并网装置并网。高频变压器隔离型多用于 10 kW 以下的小容量并网装置。

根据电路拓扑的不同，储能并网装置主要可以分为两种类型：一级变换拓扑型和两级变换拓扑型。在大容量储能领域，根据电池配置的方法可以选用一级变换拓扑型并网装置或两级变换拓扑型并网装置。在小容量储能领域（单装置容量通常小于 10 kW），通常选用两级变换拓扑型并网装置。

## 5.2 PCS 工作原理

### 5.2.1 一级变换结构

采用一级变换拓扑的储能并网装置的典型电路如图 5-1 所示，储能并网装置连接于电网和电池组之间，主要由交流侧 LCL 滤波器、双向 AC/DC 变流器、直流侧 CL 滤波器组成。

双向 AC/DC 变流器采用三相全控桥电路构成，可工作在整流状态或逆变状态，对应于传统的 PWM 整流器或 PWM 逆变器。在并网充电工作模式下，AC/DC 变流器处于整流工作状态，将电网侧交流电转换为直流电对电池充电，将能量储存到电池中。在并网放电工作模式下，AC/DC 变流器处于逆变工作状态，将蓄电池的能量由直流电转换为交流电回馈到交流电网。

由于 AC/DC 变流器工作时会产生高频开关纹波，为了在较低开关频率下获得较好的并网电流波形，减小并网电流中的高次谐波含量，大功率并网装置通常采用 *LCL* 滤波器（小容量应用时可以采用 *LC* 滤波器）对高频开关纹波电流进行滤除，以提高装置并网电流性能，满足相关并网标准要求。图中网侧电抗器 $L_2$ 可以单独设计或利用工频隔离变压器的漏抗实现。

在并网工作时，交流侧瞬时功率脉动会使直流侧产生较大的纹波电流，同时 AC/DC 变流器工作时产生的高频开关纹波会注入直流侧，通常在直流侧安装 *CL* 电路用于滤除直流电流纹波，以提高电池使用寿命；*CL* 滤波电路也可以在电网电压扰动时降低直流侧电流冲击对电池造成的不良影响。

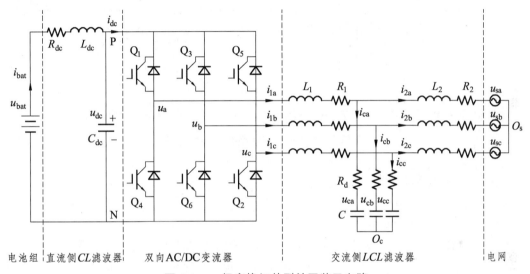

图 5-1    一级变换拓扑型并网装置电路

### 5.2.2　两级变换结构

采用两级变换拓扑的储能并网装置的典型电路如图 5-2 所示，储能并网装置连接于电网和电池组之间，主要由交流侧 *LCL* 滤波器、双向 AC/DC 变流器、双向 DC/DC 变流器组成。

双向 DC/DC 变流器在两级变换拓扑中发挥着关键作用，双向 DC/DC 变流器能控制变流器中功率双向流动，使电池的充放电在同一变流器中实现，并且可自由快速地切换蓄电池的充放电状态。在工频变压器隔离型并网装置中，双向 DC/DC 变流器可采用双向非隔离型 BDC 电路实现，图中采用传统的 Buck-Boost 电路实现。双向 DC/DC 电路用以实现直流母线电压和电池电压的匹配并控制充放电电流，可工作在 Buck 降压方式或 Boost 升压方式。在并网充电工作模式下，DC/DC 变流器工作在 Buck 降压方式，对电池充电，将直流母线侧能量储存到电池中。在并网放电工作模式下，DC/DC 变流器工作在 Boost 升压方式，电池放电，将电池的能量传递给直流母线。

双向 AC/DC 变流器采用三相全控桥电路构成，可工作在整流状态或逆变状态，对应于传统的 PWM 整流器或 PWM 逆变器。与一级变换拓扑型并网装置原理不同，在并网充电或并网放电模式下，双向 AC/DC 变流器均用于稳定直流母线电压以实现交流侧和电池侧的能量传递。在并网充电工作模式下，AC/DC 变流器处于整流工作状态，将电网侧能量馈入直流母线。在并网放电工作模式下，AC/DC 变流器处于逆变工作状态，将直流母线能量回馈到交流电网。

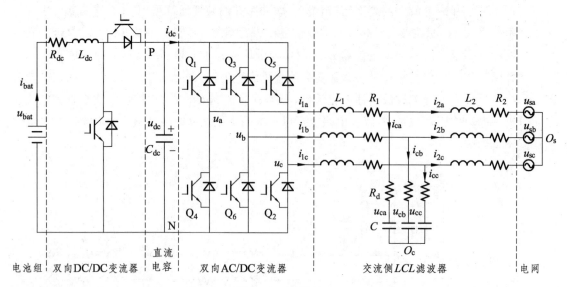

图 5-2　两级变换拓扑型并网装置电路

## 5.3　PCS 数学模型

### 5.3.1　一级变换结构

储能并网装置的典型电路结构如图 5-1 所示。变量定义如下：$S_a$、$S_b$、$S_c$ 为三相桥臂开关函数，1 代表上管开通、下管关断，0 代表上管关断、下管开通；$u_a$、$u_b$、$u_c$ 为三相桥臂输出电压；$i_{1a}$、$i_{1b}$、$i_{1c}$ 为逆变桥侧滤波电感电流；$u_{ca}$、$u_{cb}$、$u_{cc}$ 为交流滤波电容电压，$i_{ca}$、$i_{cb}$、$i_{cc}$ 为交流滤波电容电流；$u_{sa}$、$u_{sb}$、$u_{sc}$ 为电网电压；$i_{2a}$、$i_{2b}$、$i_{2c}$ 为网侧滤波电感电流；$u_{dc}$ 为直流母线电压；$i_{dc}$ 为直流母线电流；$i_{bat}$ 为直流电池侧输入/输出电流。$Q_s$ 为电网中点，$O_c$ 为交流电容中点，P、N 为直流母线正、负极。

将图 5-1 中所示开关元件视为理想元件，忽略电阻 $R_1$ 和 $R_2$，根据基尔霍夫电压定律、基尔霍夫电流定律可以得到如下方程[3]：

逆变桥侧电感 $L_1$ 通过的电流 $I_1$ 满足：

$$\begin{cases} \dfrac{\mathrm{d}i_{1a}}{\mathrm{d}t} = \dfrac{1}{L_1} S_a u_{dc} + \dfrac{1}{L_1}\left[ u_{ca} + R_d (i_{1a} - i_{2a}) \right] - \dfrac{1}{L_1} u_{OcN} \\[3mm] \dfrac{\mathrm{d}i_{1b}}{\mathrm{d}t} = \dfrac{1}{L_1} S_b u_{dc} - \dfrac{1}{L_1}\left[ u_{cb} + R_d (i_{1b} - i_{2b}) \right] - \dfrac{1}{L_1} u_{OcN} \\[3mm] \dfrac{\mathrm{d}i_{1c}}{\mathrm{d}t} = \dfrac{1}{L_1} S_c u_{dc} - \dfrac{1}{L_1}\left[ u_{cc} + R_d (i_{1c} - i_{2c}) \right] - \dfrac{1}{L_1} u_{OcN} \end{cases} \tag{5-1}$$

式（5-1）中，$u_{OcN}$ 为滤波电容中点与直流母线负极之间的电位差。由于三线制系统满足

$i_{1a} + i_{1b} + i_{1c} = 0$ ， $i_{2a} + i_{2b} + i_{2c} = 0$ ，将上式三个方程相加得

$$-\frac{1}{L_1}u_{OcN} = -\frac{u_{dc}}{3L_1}(S_a + S_b + S_c) - \frac{1}{L_1}(u_{ca} + u_{cb} + u_{cc}) \quad (5\text{-}2)$$

若三相系统对称，则满足 $u_{ca} + u_{cb} + u_{cc} = 0$ ，上式可简化为

$$-\frac{1}{L_1}u_{OcN} = -\frac{u_{dc}}{3L_1}(S_a + S_b + S_c) \quad (5\text{-}3)$$

将（5-3）式代入（5-1）式，得

$$\frac{d}{dt}\begin{bmatrix} i_{1a} \\ i_{1b} \\ i_{1c} \end{bmatrix} = \frac{u_{dc}}{L_1}\begin{bmatrix} \frac{2}{3} & -\frac{1}{3} & -\frac{1}{3} \\ -\frac{1}{3} & \frac{2}{3} & -\frac{1}{3} \\ -\frac{1}{3} & -\frac{1}{3} & \frac{2}{3} \end{bmatrix}\begin{bmatrix} S_a \\ S_b \\ S_c \end{bmatrix} - \frac{1}{L_1}\begin{bmatrix} u_{ca} + R_d(i_{1a} - i_{2a}) \\ u_{cb} + R_d(i_{1b} - i_{2b}) \\ u_{cc} + R_d(i_{1c} - i_{2c}) \end{bmatrix} \quad (5\text{-}4)$$

令

$$\begin{bmatrix} u_a \\ u_b \\ u_c \end{bmatrix} = u_{dc}\begin{bmatrix} \frac{2}{3} & -\frac{1}{3} & -\frac{1}{3} \\ -\frac{1}{3} & \frac{2}{3} & -\frac{1}{3} \\ -\frac{1}{3} & -\frac{1}{3} & \frac{2}{3} \end{bmatrix}\begin{bmatrix} S_a \\ S_b \\ S_c \end{bmatrix} \quad (5\text{-}5)$$

则式（5-4）可简化为

$$\frac{d}{dt}\begin{bmatrix} i_{1a} \\ i_{1b} \\ i_{1c} \end{bmatrix} = \frac{1}{L_1}\begin{bmatrix} u_a - u_{ca} - R_d(i_{1a} - i_{2a}) \\ u_b - u_{cb} - R_d(i_{1b} - i_{2b}) \\ u_c - u_{cc} - R_d(i_{1c} - i_{2c}) \end{bmatrix} \quad (5\text{-}6)$$

电网侧滤波电感电流 $i_2$ 满足：

$$\begin{cases} \dfrac{di_{2a}}{dt} = \dfrac{1}{L_2}\left[u_{ca} + R_d(i_{1a} - i_{2a})\right] - \dfrac{1}{L_2}u_{sa} - \dfrac{1}{L_2}u_{OsOc} \\ \dfrac{di_{2b}}{dt} = \dfrac{1}{L_2}\left[u_{cb} + R_d(i_{1b} - i_{2b})\right] - \dfrac{1}{L_2}u_{sb} - \dfrac{1}{L_2}u_{OsOc} \\ \dfrac{di_{2c}}{dt} = \dfrac{1}{L_2}\left[u_{cc} + R_d(i_{1c} - i_{2c})\right] - \dfrac{1}{L_2}u_{sc} - \dfrac{1}{L_2}u_{OsOc} \end{cases} \quad (5\text{-}7)$$

对于三相对称系统，满足 $u_{OsOc} = 0$ ，上式可简化为

$$\frac{d}{dt}\begin{bmatrix} i_{2a} \\ i_{2b} \\ i_{2c} \end{bmatrix} = \frac{1}{L_2}\begin{bmatrix} u_{ca} + R_d(i_{1a} - i_{2a}) - u_{sa} \\ u_{cb} + R_d(i_{1b} - i_{2b}) - u_{sb} \\ u_{cc} + R_d(i_{1c} - i_{2c}) - u_{sc} \end{bmatrix} \quad (5\text{-}8)$$

滤波电容电压 $u_c$ 满足：

$$\frac{\mathrm{d}}{\mathrm{d}t}\begin{bmatrix} u_{ca} \\ u_{cb} \\ u_{cc} \end{bmatrix} = \frac{1}{C}\begin{bmatrix} i_{1a} - i_{2a} \\ i_{1b} - i_{2b} \\ i_{1c} - i_{2c} \end{bmatrix} \tag{5-9}$$

直流母线电压 $u_{dc}$ 满足：

$$\frac{\mathrm{d}u_{dc}}{\mathrm{d}t} = \frac{1}{C_{dc}}i_{bat} - \frac{1}{C_{dc}}(S_a i_{1a} + S_b i_{1b} + S_c i_{1c}) \tag{5-10}$$

根据式（5-6）、（5-8）和（5-9），可得并网变流器交流侧状态方程：

$$\dot{x}_{abc} = A_{abc}x_{abc} + B_{abc}u_{abc} \tag{5-11}$$

其中：

$$A_{abc} = \begin{bmatrix}
-\dfrac{R_d}{L_1} & 0 & 0 & -\dfrac{1}{L_1} & 0 & 0 & \dfrac{R_d}{L_1} & 0 & 0 \\
0 & -\dfrac{R_d}{L_1} & 0 & 0 & -\dfrac{1}{L_1} & 0 & 0 & \dfrac{R_d}{L_1} & 0 \\
0 & 0 & -\dfrac{R_d}{L_1} & 0 & 0 & -\dfrac{1}{L_1} & 0 & 0 & \dfrac{R_d}{L_1} \\
\dfrac{1}{C} & 0 & 0 & 0 & 0 & 0 & -\dfrac{1}{C} & 0 & 0 \\
0 & \dfrac{1}{C} & 0 & 0 & 0 & 0 & 0 & -\dfrac{1}{C} & 0 \\
0 & 0 & \dfrac{1}{C} & 0 & 0 & 0 & 0 & 0 & -\dfrac{1}{C} \\
\dfrac{R_d}{L_2} & 0 & 0 & \dfrac{1}{L_2} & 0 & 0 & -\dfrac{R_d}{L_2} & 0 & 0 \\
0 & \dfrac{R_d}{L_2} & 0 & 0 & \dfrac{1}{L_2} & 0 & 0 & -\dfrac{R_d}{L_2} & 0 \\
0 & 0 & \dfrac{R_d}{L_2} & 0 & 0 & \dfrac{1}{L_2} & 0 & 0 & -\dfrac{R_d}{L_2}
\end{bmatrix}$$

$$x_{abc} = \begin{bmatrix} i_{1a} \\ i_{1b} \\ i_{1c} \\ u_{ca} \\ u_{cb} \\ u_{cc} \\ i_{2a} \\ i_{2b} \\ i_{2c} \end{bmatrix}$$

$$\boldsymbol{B}_{\text{abc}} = \begin{bmatrix} 1/L_1 & 0 & 0 & 0 & 0 & 0 \\ 0 & 1/L_1 & 0 & 0 & 0 & 0 \\ 0 & 0 & 1/L_1 & 0 & 0 & 0 \\ 0 & 0 & 0 & 0 & 0 & 0 \\ 0 & 0 & 0 & 0 & 0 & 0 \\ 0 & 0 & 0 & 0 & 0 & 0 \\ 0 & 0 & 0 & -1/L_2 & 0 & 0 \\ 0 & 0 & 0 & 0 & -1/L_2 & 0 \\ 0 & 0 & 0 & 0 & 0 & -1/L_2 \end{bmatrix}, \quad \boldsymbol{u}_{\text{abc}} = \begin{bmatrix} u_{\text{a}} \\ u_{\text{b}} \\ u_{\text{c}} \\ u_{\text{sa}} \\ u_{\text{sb}} \\ u_{\text{sc}} \end{bmatrix}$$

式 5-11 中，由于在三相三线系统中三相电压、电流并不是独立变量，难以直接控制，故可以采用两相同步旋转 $dq$ 坐标系对系统进行描述，以简化并网变流器模型。将 $d$ 轴定向于三相电网电压合成矢量，则从 $ABC$ 坐标系到 $dq$ 坐标系的变换矩阵为

$$\boldsymbol{T}_{abc \rightarrow dq} = \frac{2}{3} \begin{bmatrix} \sin \omega t & \sin\left(\omega t - \frac{2}{3}\pi\right) & \sin\left(\omega t + \frac{2}{3}\pi\right) \\ \cos \omega t & \cos\left(\omega t - \frac{2}{3}\pi\right) & \cos\left(\omega t + \frac{2}{3}\pi\right) \end{bmatrix} \tag{5-12}$$

从 $dq$ 坐标系到 $ABC$ 坐标系的变换矩阵为

$$\boldsymbol{T}_{dq \rightarrow abc} = \begin{bmatrix} \sin \omega t & \cos \omega t \\ \sin\left(\omega t - \frac{2}{3}\pi\right) & \cos\left(\omega t - \frac{2}{3}\pi\right) \\ \sin\left(\omega t + \frac{2}{3}\pi\right) & \cos\left(\omega t + \frac{2}{3}\pi\right) \end{bmatrix} \tag{5-13}$$

将式（5-4）进行旋转变换，得

$$\frac{\mathrm{d}}{\mathrm{d}t}\begin{bmatrix} i_{1\text{d}} \\ i_{1\text{q}} \end{bmatrix} = \frac{1}{L_1}\begin{bmatrix} u_{\text{dc}}S_{\text{d}} - u_{\text{cd}} - R_{\text{d}}(i_{1\text{d}} - i_{2\text{d}}) \\ u_{\text{dc}}S_{\text{q}} - u_{\text{cq}} - R_{\text{d}}(i_{1\text{q}} - i_{2\text{q}}) \end{bmatrix} + \begin{bmatrix} 0 & \omega \\ -\omega & 0 \end{bmatrix}\begin{bmatrix} i_{1\text{d}} \\ i_{1\text{q}} \end{bmatrix} \tag{5-14}$$

令 $u_{\text{d}} = u_{\text{dc}}S_{\text{d}}$，$u_{\text{q}} = u_{\text{dc}}S_{\text{q}}$，上式可简化为

$$\frac{\mathrm{d}}{\mathrm{d}t}\begin{bmatrix} i_{1\text{d}} \\ i_{1\text{q}} \end{bmatrix} = \frac{1}{L_1}\begin{bmatrix} u_{\text{d}} - u_{\text{cd}} - R_{\text{d}}(i_{1\text{d}} - i_{2\text{d}}) \\ u_{\text{q}} - u_{\text{cq}} - R_{\text{d}}(i_{1\text{q}} - i_{2\text{q}}) \end{bmatrix} + \begin{bmatrix} 0 & \omega \\ -\omega & 0 \end{bmatrix}\begin{bmatrix} i_{1\text{d}} \\ i_{1\text{q}} \end{bmatrix} \tag{5-15}$$

将式（5-8）进行旋转变换，得

$$\frac{\mathrm{d}}{\mathrm{d}t}\begin{bmatrix} i_{2\text{d}} \\ i_{2\text{q}} \end{bmatrix} = \frac{1}{L_2}\begin{bmatrix} u_{\text{cd}} + R_{\text{d}}(i_{1\text{d}} - i_{2\text{d}}) - u_{\text{sd}} \\ u_{\text{cq}} + R_{\text{d}}(i_{1\text{q}} - i_{2\text{q}}) - u_{\text{sq}} \end{bmatrix} + \begin{bmatrix} 0 & \omega \\ -\omega & 0 \end{bmatrix}\begin{bmatrix} i_{2\text{d}} \\ i_{2\text{q}} \end{bmatrix} \tag{5-16}$$

将式（5-9）进行旋转变换，得

$$\frac{\mathrm{d}}{\mathrm{d}t}\begin{bmatrix} u_{\text{cd}} \\ u_{\text{cq}} \end{bmatrix} = \frac{1}{C}\begin{bmatrix} i_{1\text{d}} - i_{2\text{d}} \\ i_{1\text{q}} - i_{2\text{q}} \end{bmatrix} + \begin{bmatrix} 0 & \omega \\ -\omega & 0 \end{bmatrix}\begin{bmatrix} u_{\text{cd}} \\ u_{\text{cq}} \end{bmatrix} \tag{5-17}$$

将式（5-10）进行旋转变换，得

$$\frac{\mathrm{d}u_{dc}}{\mathrm{d}t} = \frac{1}{C_{dc}}i_{bat} - \frac{3}{2C_{dc}}(S_d i_{1d} + S_q i_{1q}) \tag{5-18}$$

根据式（5-15）、（5-16）和（5-17）可得并网变流器交流侧在 $dq$ 坐标系下的状态方程：

$$\dot{x}_{dq} = A_{dq}x_{dq} + B_{dq}u_{dq} \tag{5-19}$$

其中，

$$A_{dq} = \begin{bmatrix} -R_d/L_1 & \omega & -1/L_1 & 0 & R_d/L_1 & 0 \\ -\omega & -R_d/L_1 & 0 & -1/L_1 & 0 & R_d/L_1 \\ 1/C & 0 & 0 & \omega & -1/C & 0 \\ 0 & 1/C & -\omega & 0 & 0 & -1/C \\ R_d/L_2 & 0 & 1/L_2 & 0 & -R_d/L_2 & \omega \\ 0 & R_d/L_2 & 0 & 1/L_2 & -\omega & -R_d/L_2 \end{bmatrix}, \quad x_{dq} = \begin{bmatrix} i_{1d} \\ i_{1q} \\ u_{cd} \\ u_{cq} \\ i_{2d} \\ i_{2q} \end{bmatrix}$$

$$B_{dq} = \begin{bmatrix} 1/L_1 & 0 & 0 & 0 \\ 0 & 1/L_1 & 0 & 0 \\ 0 & 0 & 0 & 0 \\ 0 & 0 & 0 & 0 \\ 0 & 0 & -1/L_2 & 0 \\ 0 & 0 & 0 & -1/L_2 \end{bmatrix}, \quad u_{dq} = \begin{bmatrix} u_d \\ u_q \\ u_{sd} \\ u_{sq} \end{bmatrix}$$

将式（5-14）、（5-16）、（5-17）和（5-18）进行拉普拉斯变换，可得并网变流器在 $dq$ 坐标系下的 s 域数学模型框图，如图 5-2 所示。由框图可知，在 $dq$ 坐标系下电感电流和电容电压存在 $d$ 、 $q$ 轴变量的互相耦合。

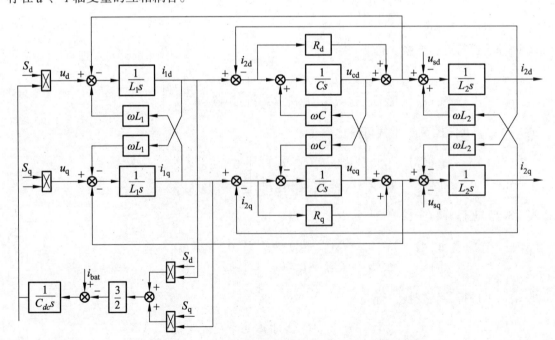

图 5-3 $dq$ 坐标系下储能并网装置连续域数学模型框图

### 5.3.2 两级变换结构

两级变换拓扑的储能并网装置中含双向 AC/DC 和双向 DC/DC 两种变流器，其中双向 AC/DC 变流器的数学模型与一级变换拓扑的双向 AC/DC 变流器数学模型完全相同，仅其控制目标和控制策略不同。

双向 DC/DC 变流器的典型电路如图 5-4 所示，电路工作在互补导通 PWM 方式，即 $D_1 = 1 - D_2$，其中 $D_1$、$D_2$ 分别为 $Q_1$、$Q_2$ 的占空比。$V_1$ 为高压侧电压，$V_2$ 为低压侧电压。电路工作在 Buck 模式和 Boost 模式下，两端电压之比均为 $V_2/V_1 = D_1$。在并网充电模式下，$Q_1$ 处于开关工作状态，$Q_2$ 处于闭锁状态，变流器运行在 Buck 降压模式下，电池侧电压 $V_2 = D_1 \cdot V_1$；在并网放电模式下，$Q_1$ 处于闭锁状态，$Q_2$ 处于开关工作状态，变流器运行在 Boost 升压模式下，直流母线侧电压 $V_1 = V_2/(1 - D_2)$。

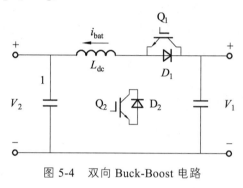

图 5-4　双向 Buck-Boost 电路

## 5.4　PCS 控制策略及建模

### 5.4.1 一级变换结构

根据 $dq$ 坐标系下的数学模型，通过控制器对 $dq$ 轴解耦后，可以设计出不同的储能并网装置的控制策略。目前针对一级变换拓扑型储能并网装置的控制策略在工程上实现方法较多，如 PI 控制、重复控制、PR 控制、恒频滞环控制等一种或多种方法相结合的控制策略；在控制器结构上，多采用电压电流双闭环控制方法；在基于 $LCL$ 滤波器的 AC/DC 变流器的内环控制方面，同样存在多种实现方法，本节中不再详述。这里给出一种交流电流单环控制方法，如图所示，其中 $C(s)$ 为交流电流环控制器，$A(s)$ 表示变流器桥臂的放大及控制器的延时，$B(s)$ 表示变流器的数学模型，$F(s)$ 表示系统的反馈控制传递函数，$S_d$ 表示 $d$ 轴开关函数。

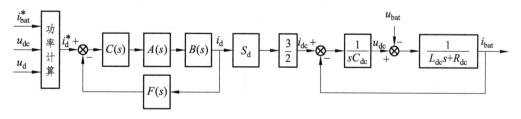

图 5-5　储能并网装置充放电控制框图

由充放电功率可计算出 $d$ 轴电流指令，通过对 $dq$ 坐标系下交流侧变流器的控制，从而等效实现对直流电池侧输入/输出电流 $i_{bat}$ 的控制。在一级变换拓扑型电路中，为了减小电池侧的电流纹波，直流滤波电感通常取值较大，导致 $LC$ 滤波电路阻尼很小，因此其阶跃响应有较大的超调，调节时间较长。因此，在充电和放电模式之间切换时，需要将电流指令缓减或缓加，相当于将阶跃响应变为斜坡响应，从而减少超调量和调节时间。

### 5.4.2 两级变换结构

两级变换拓扑型储能装置中因含双向 AC/DC 和双向 DC/DC 两种变流器，其系统控制策略实现存在多种方法。本小节给出一种 AC/DC 变流器控制母线电压，DC/DC 变流器控制充放电电流的系统控制策略。

双向 AC/DC 变流器的数学模型与一级变换拓扑的双向 AC/DC 变流器数学模型完全相同，但由于其控制目标为直流侧母线电压，因此其控制策略与一级变换拓扑型装置不同。在基于 $LCL$ 滤波器的 AC/DC 变流器的内环控制方面，本节不再详述，基于三相对称系统，这里给出了一种单相的控制策略框图，如图 5-6 所示，其中 $C(s)$ 表示交流电流内环控制器，$A(s)$ 表示变流器桥臂的放大及控制器的延时，$B(s)$ 表示 AC/DC 变流器的数学模型。

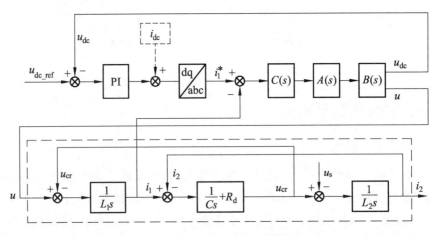

图 5-6　储能并网装置 AC/DC 变流器控制框图

控制器实时检测直流母线电压，自动判断控制能量流方向。当母线电压低于设定值时，电网侧能量馈入直流母线，变流器处于并网充电工作模式；当母线电压高于设定值时，直流母线能量回馈到交流电网，变流器处于并网放电工作模式。为了提高 AC/DC 控制算法的响应速度，降低直流母线电压在充放电过程中出现较大超调，可以采用直流母线电流 $i_{dc}$ 作为电流前馈，避免直流母线电压出现大的波动而导致保护动作。

双向 DC/DC 变流器的控制策略相对简单，其控制目标为电池的充放电电流。这里给出了一种基于 PI 控制的控制策略框图，如图 5-7 所示，控制器实时检测电池充放电电流，与设定电流值进行比较，经过 PI 调节器后转换为电压参考信号，叠加电池电压后与三角波比较产生开关信号去驱动开关器件。通过控制开关器件的占空比来实现对充放电电流的控制。

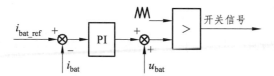

图 5-7　储能并网装置 DC/DC 变流器控制框图

## 5.5　PCS 技术特点

### 5.5.1　一级变换结构

采用一级变换拓扑型储能并网装置的技术特点如下：

（1）电路结构简单，能量转换效率高、整体系统损耗小；设备成本造价较低，易实现标准化制造生产。

（2）控制系统简单，单台控制器即可实现有功、无功的统一控制，易于和上级监控系统接口并实现各种高级控制策略。

（3）控制策略简单，较易工程实现，由并网方式转为离网方式易单机实现。

（4）直流侧存在二倍频低频纹波和高频开关纹波，$LC$ 滤波器设计难度较大，电池侧纹波较大，控制精度较低，充放电转换时间长。

（5）大容量单机设计时，电池组需要多组串并联，增加电池组的配置难度；单组电池因故障更换后，会降低整组系统性能指标。

（6）电池侧接入电池电压范围窄，增加电池串联成组难度。

（7）交流侧或直流侧出现故障时，电池侧会短时承受冲击电流，降低电池使用寿命。

### 5.5.2　两级变换结构

采用两级变换拓扑型储能并网装置的技术特点如下：

（1）电路结构相对复杂，能量转换效率稍低、整体系统损耗稍大；设备成本造价较高。

（2）控制系统复杂，系统有功功率控制需要通过 DC/DC 变流器控制器实现，系统无功控制需要通过 AC/DC 变流器控制器实现，和上级监控系统接口并实现各种高级控制策略时存在一定困难。

（3）控制策略相对复杂，由 AC/DC 和 DC/DC 两套控制策略实现，当直流侧存在多个 DC/DC 电路时，由并网方式转为离网方式单机实现相对困难。

（4）直流侧不需要复杂的 $LC$ 滤波器，电池侧纹波小，控制精度较高，充放电转换时间短。

（5）大容量单机设计时，直流侧可采用多个 DC/DC 实现，每个 DC/DC 单元可连接独立的电池组，不需要多组电池组串并联，降低了电池组的配置难度；单组电池因故障更换后，不会降低整组系统性能指标。

（6）电池侧接入电池电压范围宽，降低了电池串联成组难度。

（7）交流侧或直流侧出现故障时，因存在 DC/DC 电路环节，可有效保护电池，避免电池承受冲击电流，延长电池使用寿命。

## 参考文献

[ 1 ] 王成元, 夏加宽, 杨俊友, 等. 电机现代控制技术: 第 1 版[M]. 北京: 机械工业出版社, 2006:1-26.

[ 2 ] 王兆安, 黄俊. 电力电子技术: 第 4 版[M]. 北京: 机械工业出版社, 2000: 100-165.

[ 3 ] 张兴. PWM 整流器及其控制策略的研究[D]. 合肥: 合肥工业大学, 2003.

[ 4 ] 徐金榜. 三相电压源 PWM 整流器控制技术研究[D]. 武汉: 华中科技大学, 2004.

[ 5 ] 熊宇. 流型多电平边路器拓扑和控制策略的研究[D]. 杭州: 浙江大学, 2004.

[ 6 ] 许海平. 功率双向 DC-DC 变换器拓扑结构及其分析理论研究[D]. 北京: 中国科学院研究生院, 2005.

[ 7 ] 张方华. 双向 DC-DC 变换器的研究[D]. 南京: 南京航空航天大学, 2004.

[ 8 ] 童亦斌, 吴峣, 金新民, 等. 双向 DC-DC 变换器的拓扑研究[J]. 中国电机工程学报, 2007, 27(13): 81-86.

[ 9 ] 王立乔, 孙孝峰. 分布式发电系统中的光伏发电技术: 第 1 版[M]. 北京: 机械工业出版社, 2010: 213-221.

[10] 郑竞宏, 王燕廷, 李兴旺, 等. 微电网平滑切换控制方法及策略[J]. 电力系统自动化, 2011, 35(18): 17-24.

[11] 张建华, 黄伟. 微电网运行控制与保护技术, 第 1 版[M]. 北京: 中国电力出版社, 2010: 41-122.

[12] 黄杏, 金新民, 马琳. 微网离网黑启动优化控制方案[J]. 电工技术学报, 2013, 28(04): 182-189.

[13] 唐西胜, 邓卫, 李宁宁. 基于储能的可再生能源微网运行控制技术[J]. 电力自动化设备, 2012, 32(3): 99-103.

[14] 张庆海, 彭楚武, 陈燕东. 一种微电网多逆变器并联运行控制策略[J]. 中国电机工程学报, 2012, 32(25): 126-131.

# 第 6 章

# 储能系统监控技术

## 6.1 储能系统监控组成与架构

储能监控系统是将计算机技术、控制技术、通信技术等结合在一起，完成对储能系统并网接入装置（PCS）、电池管理系统（BMS）、电能计量设备运行数据和运行状态进行监测分析，保障储能系统安全、稳定、高效地运行。储能监控系统由监控主站、通信网络、测控设备共 3 个层次组成。

监控主站是储能监控系统的核心。监控主站通过通信网络汇集测控设备上传的电压、电流、功率、电池状态等信息，通过监控主站各应用系统对这些数据进行处理、分析和归档，从而监视并保护储能系统正常运行状况。监控主站起到"上传下达"作用：一方面接受上级电网调度，根据自身运行状态把调度指令分配给各个储能支路；另一方面，把储能系统 SOC 等重要运行状态及参数上传给上级电网调度，给调度提供决策依据。

通信网络是储能监控系统的信息联络线，通过通信网络把储能系统的监控主站、测控设备等连接为一个整体。依据设备特点及传输的数据内容不同的要求，储能系统通信网络采用不同的通信协议。

测控设备包括 PCS、BMS、开关测控保护单元。PCS、BMS 分别上传储能变流器、电池的运行参数及状态信息，开关测控保护单元上传储能系统内部配电网络的电压电流数据，并完成基本的保护功能。

储能监控系统可分为储能就地监控系统和储能远方监控管理系统。储能就地监控系统设置在储能系统本地，通过采集储能系统的各种运行信息，实现对储能系统的监视和控制，同时与电网调度/监控系统和储能远方监控系统交换信息。若储能系统应用在微电网系统中，则储能系统信息直接接入微电网协调控制器或微电网能量管理系统，不再单独设置储能监控系统，微电网协调控制器或微电网能量管理系统兼有储能就地监控系统功能。储能远方监控管理系统，又称储能集中监控管理系统，实现对一定区域或范围内储能系统的集中监视、控制和管理，储能系统的运行调度由电网调度/监控管理系统来完成。因此，储能集中监控系统与电网调度/监控系统在一个层次，层次架构如图 6-1 所示。

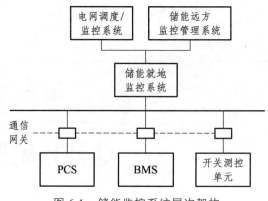

图 6-1　储能监控系统层次架构

## 6.2　监控对象

储能就地监控系统监控对象包括：

（1）电池系统（单体电池 CELL-单元电池 Unit-模块电池 Battery String P-电池串 Battery Stack—电池堆），通过 BMS 上传运行状态及信息数据。

（2）PCS，上传自身的电压、电流、温度等运行参数，并离网、充放电等运行模式，以及故障保护信号等数据。

（3）低压开关，通过开关测控装置上传储能支路、储能总进线开关运行状态，并根据保护设定对低压开关进行控制。

（4）升压变单元，通过升压变测控装置上传升压变运行电压、电流、温度、挡位等数据。

## 6.3　基本功能

监控系统的基本（SCADA）功能包括数据采集类型、数据采集来源、数据采集信息（测控保护装置数据、PCS 数据、BMS 数据）、数据处理和存贮（模拟量处理、状态量处理、电度量数据处理）、图形化展示（系统画面、系统参数及运行状态、PCS 显示、BMS 显示、实时曲线、计划用电/发电量显示、故障报警）等的说明。

### 6.3.1　数据采集类型

系统能够采集和处理下列几类数据：模拟量，数字量，电度量，状态控制，保护装置的定值参数、告警信号和动作信号等。系统将采集的实时数据处理后送至实时数据库，对于数据量变化、保护告警信号和保护动作信号形成告警事件，以告警窗或语音方式表现，同时存入相应的数据库。

数据采集系统主要采集的数据来源有：

（1）测控保护装置传送的配电网电压、电流值，变压器的电流、温度、压力及挡位信息，以及采集的电能表有功、无功、电流、功率因数。

（2）储能变流器（PCS）传送的交流侧和直流侧电压、电流、功率等信号。

（3）电池管理系统（BMS）传送的电池信息。

### 6.3.2 数据采集信息

#### 6.3.2.1 测控保护装置数据

（1）遥测量包括交流三相电压、交流三相电流、变压器电流、温度、压力及挡位信息；电能表的电压、电流，正反向有功功率、正反向无功功率、正反向有功电能、正反向无功电能、功率因数。

（2）遥信量包括 380 V 母线断路器开合状态、PT 断线信号。

（3）下行量（遥控）包括开关分合控制。

#### 6.3.2.2 PCS 数据

（1）遥测量包括电网频率、交流侧三相电压、交流侧三相电压畸变率、交流侧三相电流、交流侧三相电流畸变率、交流侧总功率、交流侧总电量、交流侧有功功率、交流侧有功电量、交流侧无功功率、交流侧无功电量、交流侧功率因数、交流侧三相不平衡度、直流侧电压、直流侧电流、直流侧功率、直流侧充电电量、直流侧放电电量。

（2）遥信量包括 PCS 工作状态（启/停）、运行模式（并离网）、运行状态（充放电）、三相过流、网侧三相线电压过压/欠压、电网电压相序接反、电网频率越限、直流侧电压越限、直流侧绝缘接地越限、PCS 故障状态、并网断路器状态、交流接触器状态、直流断路器状态、直流接触器状态、直流交流熔断器状态。

（3）下行量（遥控）包括：运行状态（启动/停运）、运行模式（并网/离网）、运行方式（充电/放电）、控制方式（自动/手动）。

#### 6.3.2.3 BMS 数据

（1）遥测量包括：电池支路电流、各电池组效率、循环次数、电池堆/电池组充放电电量、SOC、可用容量、电池组中电池模块最高电压/温度及电池模块编号、最低电压/温度及电池模块编号、平均电压/温度。

（2）遥信量包括漏电告警、通信异常、电池管理系统异常报警、绝缘监察、接地保护直流断路器脱扣、熔断器熔丝熔断、低温/过温报警、电池堆/电池串过流、电池堆/电池串/电池模块最低/最高电压超限、电池堆/电池串/电池模块 SOC 低报警。

### 6.3.3 数据处理和存贮

处理分析的模拟量有：380 V 配电网电压、电流；PCS、BMS 和电能表信息。处理工作主要包括：

（1）对数据合理性进行检查，将近似为零的值置为零，设置最大有效值和最小有效值，如果测量值大于最大有效值或小于最小有效值，模拟量的状态置为无效状态。

（2）设定梯度限值，当收到的测量值与上一次值相比超过梯度限值，该测量值被舍弃。

（3）模拟量设置合理上下限，对越限的测量点进行报警，报警的方式可人工设定。

（4）遥测值报警在越限持续一段时间后产生，避免遥测瞬态干扰冲击产生的误报警。

（5）模拟量设置回差值，避免频繁越限报警。

状态量主要包括 380 V 母线过流、断路器状态，以及 PCS 状态、电池组状态等。处理工作主要包括：

（1）开关变位后，系统立即更新数据库，推出报警信息，或者开关信号变化指定次数之后推出报警信息。

（2）对某一电池组（本储能系统共有 4 组）设置闭锁标志时，该组的所有数据不进行处理。

（3）系统显示一次回路可维护状态时，必须确保 380 V 母线断路器和 PCS 都处于断开状态。

（4）开关量的不同状态用不同的颜色或符号表示。

（5）状态量可通过公式设置其推事故处理指导的条件，在条件满足时，将在界面上推出专家处理事故的指导。

（6）开关事故跳闸时，自动进行事故数据存储以供事后分析。

### 6.3.4　图形化展示

通过监控系统已有的图形系统或定制化的数据展示工具，来显示储能电站的各种运行数据。通过图形系统可以显示储能电站的逻辑拓扑、电气接线、充放电监视和控制、储能支路图、PCS 图、电池堆图、通信拓扑、电站简介。通过定制化的数据显示工具可以分层、分类，自动地按照储能电站-储能支路-储能设备（PCS，电池堆）进行详细信息的显示和展示，并可以对储能系统进行相关控制，特别是对储能间隔、设备 PCS、DC/DC，以及电池对电池电压、温度进行全景信息展示。通过监视储能支路电池堆/电池串个单元电池电压，给出异常运行告警信息；通过监视储能电池堆温度分布，给出温度告警信息；通过监视电池堆/电池串的 SOC、SOH，充放电次数，给出过充、过放、运行寿命以及经济型评价指标；通过监视 AC/DC 和 DC/DC 储能变流器设备运行情况，给出异常运行告警信息。

### 6.3.5　通信技术

储能监控系统通过模拟通道、数字通道或者网络通道与电网调度/监控系统通信，实现遥测、遥信、遥控、SOE、对时等信息传输功能。当采用模拟通道、数字通道时，通常采用 IEC60870-5-101 规约；而采用网络通道时，通常使用 IEC60870-5-104 规约。例如储能监控系统通过数据网络通信设备接入电力调度数据网络 SPDnet，通信协议采用 IEC60870-5-104 规约。

储能就地监控系统与储能集中监控系统有必要的信息交换。储能监控系统接收来自于储能集中监控系统的远方指令，根据指令对储能系统进行管理和维护。

## 参考文献

[ 1 ] 薛金花，叶季蕾，吴福保，等. 智能电网中的储能监控系统及应用进展[J]. 电气应用，2012, 31(21): 53-59.

[ 2 ] 薛金花，叶季蕾，张宇，等. 储能系统中电池成组技术及应用现状[J]. 电源技术，2013，

47(11), 1944-1947.

[ 3 ] 鞠建勇, 吴福保, 何维国, 等. 储能监控系统结构设计：大规模储能技术的发展与应用研讨会论文集[C]. 天津: 中国科学技术协会, 2011.

[ 4 ] 车兆华. 电池组连接方式的分析研究[J]. 机电技术, 2013, 36(02), 109-111.

[ 5 ] 雷娟, 蒋新华, 解晶莹. 锂离子电池组均衡电路的发展现状[J]. 电池, 2007, 37(01), 62-63.

[ 6 ] 李索宇. 动力锂电池组均衡技术研究[D]. 北京: 北京交通大学, 2011.

[ 7 ] 王震坡, 孙逢春, 林程. 不一致性对动力电池组使用寿命影响的分析[J]. 北京理工大学学报, 2006, 26(07), 577-580.

[ 8 ] 邱名义. 储能电站集电系统若干问题研究[D]. 杭州: 浙江大学, 2012.

[ 9 ] 王兆安, 黄俊. 电力电子技术: 第 4 版[M]. 北京: 机械工业出版社, 2000: 100-165.

[10] 张方华. 双向 DC-DC 变换器的研究[D]. 南京: 南京航空航天大学, 2004.

[11] 童亦斌, 吴峣, 金新民, 等. 双向 DC/DC 变换器的拓扑研究[J]. 中国电机工程学报, 2007, 27(13): 81-86.

[12] 姚良忠. 间歇式新能源发电及并网运行控制[M]. 北京: 中国电力出版社, 2016.

# 第7章

# 微电网储能技术应用案例分析

## 7.1 储能系统在微电网中的作用

微电网是指以分布式发电技术为基础，靠分散型资源或用户的小型电站为主，结合终端用户电能质量管理和能源梯级利用技术形成的小型模块化、分散式供能网络。微网能实现内部电源和负荷一体化运行，并通过与主电网的协调控制，平滑接入主网或独立自治运行，充分满足用户对电能质量、供电可靠性和安全性的要求。下图展示了微电网电气连接图，微电源形式主要有光伏发电、风能、燃料电池、储能、微型燃气轮机等，图中的储能主要指电池储能、超级电容、飞轮储能等。

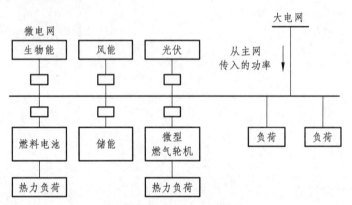

图 7-1　微电网电气连接图

储能技术对于满足微电网的基本功能、实现更大的技术经济效益是十分重要的。微电网系统中的储能系统不再是一个独立的储能系统，需要接受微电网能量管理系统或协调控制器的统一监控和调度。储能技术在微电网中的作用主要总结为以下内容。

### 7.1.1 提供短时供电

微电网存在两种典型的运行模式：并网运行模式和孤岛运行模式。在正常情况下，微电网与常规配电网并网运行；当检测到电网故障或发生电能质量事件时，微电网将及时与电网断开独立运行。微电网在这两种模式的转换中，往往会有一定的功率缺额，在系统中安装一定的储能装置储存能量，就能保证在这两种模式转换下的平稳过渡，保证系统的稳定。在可再生发电中，由于外界条件的变化，会导致经常没有电能输出（光伏发电的夜间、风力发电无风等），这时就需要储能系统向系统中的用户持续供电。

### 7.1.2　电力调峰

由于微电网中的微源主要由分布式电源组成，其负荷量不可能始终保持不变，并随着天气的变化等情况发生波动。另外，一般微电网的规模较小，系统的自我调节能力较差，电网及负荷的波动会对微电网的稳定运行造成十分严重的影响。为了调节系统中的峰值负荷，就必须使用调峰电厂来解决，但是现阶段主要运行的调峰电厂运行昂贵，实现困难。

储能系统可以有效地解决这个问题，它可以在负荷低落时储存电源的多余电能，而在负荷高峰时回馈给微电网以调节功率需求。储能系统作为微电网必要的能量缓冲环节，其作用越来越重要。它不仅避免了为满足峰值负荷而安装的发电机组，同时充分利用了负荷低谷时机组的发电，避免浪费。

### 7.1.3　改善微电网电能质量

微电网要作为一个微电源与大电网并网运行，必须达到电网对功率因数、电流谐波畸变率、电压闪变以及电压不对称的要求。此外，微电网必须满足自身负荷对电能质量的要求，保证供电电压、频率、停电次数都在一个很小的范围内。储能系统对于微电网电能质量的提高起着十分重要的作用，通过对微电网并网逆变器的控制，就可以调节储能系统向电网和负荷提供有功和无功，达到提高电能质量的目的。

对于微电网中的光伏或者风电等微源，外在条件的变化会导致输出功率的变化从而引起电能质量的下降。如果将这类微源与储能装置结合，就可以很好地解决电压骤降、电压跌落等电能质量问题。在微电网的电能质量调节装置，针对系统故障引发的瞬时停电、电压骤升、电压骤降等问题，可以利用储能装置提供快速功率缓冲，吸收或补充电能，提供有功功率支撑，进行有功或无功补偿，以稳定、平滑电网电压的波动。

### 7.1.4　提升微电源性能

多数可再生能源诸如太阳能、风能、潮汐能等，由于其能量本身具有不均匀性和不可控性，输出的电能可能随时发生变化。当外界的光照、温度、风力等发生变化时，微电源相应的输出能量就会发生变化，这就决定了系统需要一定的中间装置来储存能量。如太阳能发电的夜间，风力发电在无风的情况下，或者其他类型的微电源正处于维修期间，这时系统中的储能就能起过渡作用，其储能的多少主要取决于负荷需求。

## 7.2　微电网中储能配置方法

### 7.2.1　并网型微电网中储能的优化配置

储能电池夜间充电，其充电电量首先来自于风电，然后由主网补足剩下的充电电量。当储能电池的 $SOC$ 达到 $SOC_{max}$ 时，停止充电。储能电池的充电电量为

$$E_{\text{Es,ch}} = \max(E_{\text{L,N}} - (E_{\text{WG}} + E_{\text{G}})) \tag{7-1}$$

其中，$E_{\text{Es,ch}}$ 为储能电池的充电电量（为负值），$E_{\text{L,N}}$ 为夜间负载所需的电量（为正值），$E_{\text{WG}}$ 为风力发电提供的电量（为正值），$E_{\text{G}}$ 为电网提供的电量（可以为 0 或正值）。

白天运行时，光伏和风力发电供给负载，不足的部分优先由储能电池提供。当储能电池的 $SOC$ 到达 $SOC_{\text{max}}$ 时，停止放电。储能电池的放电电量为

$$E_{\text{Es,dis}} = \max(E_{\text{L,D}} - (E_{\text{WG}} + E_{\text{PV}} + E_{\text{G}})) \tag{7-2}$$

其中，$E_{\text{Es,dis}}$ 为储能电池的放电电量（为正值），$E_{\text{L,D}}$ 为白天负载需要的电量（为正值），$E_{\text{WG}}$ 为风力发电提供的电量（为正值），$E_{\text{PV}}$ 为光伏发电提供的电量（为正值），$E_{\text{G}}$ 为电网提供的电量（可以为 0 或正值）。

综上，储能电池额定能量 $E_{\text{ES}}$ 的取值参照式（7-3）。

$$E_{\text{ES}} = \max\left( \frac{\left|P_{\text{ES, ch, max}}\right|}{C_{\text{ES, ch, max}} \times (SOC_{\text{ES, max}} - SOC_{\text{ES, min}}) \times \eta_{\text{ES,ch}}} , \right.$$
$$\frac{P_{\text{ES, dis, max}}}{C_{\text{ES, dis, max}} \times (SOC_{\text{ES, max}} - SOC_{\text{ES, min}}) \times \eta_{\text{ES,dis}}} ,$$
$$\frac{E_{\text{ES,max}}}{(SOC_{\text{ES, max}} - SOC_{\text{ES,min}}) \times \eta_{\text{ES,ch}}} ,$$
$$\left. \frac{\left|E_{\text{ES,min}}\right|}{(SOC_{\text{ES, max}} - SOC_{\text{ES, min}}) \times \eta_{\text{ES, dis}}} \right) \tag{7-3}$$

式（7-3）中，$P_{\text{ES, ch, max}}$ 为储能电池的最大充电功率（kW），$C_{\text{ES, ch, max}}$ 为储能电池允许的最大充电倍率（$\text{h}^{-1}$），$SOC_{\text{ES, max}}$ 为允许的最大 SOC 值（%），$SOC_{\text{ES, min}}$ 为允许的最小 $SOC$ 值（%），$\eta_{\text{ES,ch}}$ 为充电效率（%），$P_{\text{ES, dis, max}}$ 为最大放电功率（kW），$C_{\text{ES, dis, max}}$ 为允许的最大放电倍率（$\text{h}^{-1}$），$\eta_{\text{ES,dis}}$ 为放电效率（%）。储能电池允许的充/放电倍率、充放电效率、允许的 $SOC$ 范围根据电池的特性参数而定。假设储能电池的额定电压为 $U_{\text{B}}$（V），则储能电池的额定容量 $C_{\text{B}}$（Ah）为

$$C_{\text{B}} = \frac{1000 \times E_{\text{B}}}{U_{\text{B}}} \tag{7-4}$$

值得注意的是，实际仿真过程中应基于电池 $SOC$ 值、温度实时调整平滑时间常数 $\tau$，修正储能电池的实时输出功率，避免由于过度充放电造成储能本体的提前损坏，延长储能电池的使用寿命。

### 7.2.2　离网型微电网中储能的优化配置

白天，光伏和风力发电供给负载，多余的电能向储能电池充电。当储能电池的 $SOC$ 到达 $SOC_{\text{max}}$，停止充电。储能电池的充电电量为

$$E_{\text{Es,ch}} = \max(E_{\text{L,D}} - (E_{\text{WG}} + E_{\text{PV}})) \tag{7-5}$$

其中，$E_{\text{L,D}}$ 为白天负载需要的电量（为正值），$E_{\text{Es,ch}}$ 为储能电池的充电电量（为负值）。

夜间负载的供电需求来自于风机和储能电池，当储能电池的 $SOC$ 到达 $SOC_{min}$，停止放电。储能电池的放电电量为

$$E_{Es,dis} = \max(E_{L,N} - E_{WG}) \tag{7-6}$$

其中，$E_{Es,dis}$ 为储能电池的放电电量（为正值），$E_{L,N}$ 为晚上负载所需的电量（为正值）。此外，还应考虑极端情况下，如无日照、风速不满足发电条件时，电池组的最大供电时间（$t$）、允许的 $SOC$ 范围（$SOC_{max}$、$SOC_{min}$），系统转换效率（$\eta$），系统的平均容量 $\overline{E_L}$，等。因此，储能电池的额定容量还应满足：

$$E_{ES,L} \geq \frac{\max\left|\overline{E_L} \times t\right|}{(SOC_{max} - SOC_{min}) \times \eta} \tag{7-7}$$

综上，储能电池额定能量 $E_{ES}$ 的取值如式（7-9）所示。

$$E_{ES} = \max\Big( \frac{\left|P_{ES, ch, max}\right| \times \eta_{ES,ch}}{C_{ES, ch, max} \times (SOC_{ES, max} - SOC_{ES,min})},$$
$$\frac{P_{ES, dis, max}}{C_{ES, dis, max} \times (SOC_{ES,max} - SOC_{ES,min}) \times \eta_{ES,dis}},$$
$$\frac{E_{ES,max} \times \eta_{ES,ch}}{(SOC_{ES, max} - SOC_{ES,min})},$$
$$\frac{\left|E_{ES,min}\right|}{(SOC_{ES, max} - SOC_{ES, min}) \times \eta_{ES, dis}},$$
$$E_{ES,L} \Big) \tag{7-8}$$

## 7.3 微电网运行控制策略

### 7.3.1 微电网并网运行控制策略

微电网并网运行时，系统内分布式电源与负荷通过公共连接点与外部配电网进行能量交换。微电网内部大多数分布式电源采用电力电子接口，将分布式电源发出的不稳定电能转换成与主电网电压、频率一致的交流电。对于这些电力电子接口设备，一方面要求控制响应速度快，另一方面要求输出的电流谐波小，满足电网的电能质量要求。同时，由于分布式电源容量较小，微电网的控制和管理与主电网差异较大，微电网在并网运行时，微电网内部分布式电源出力对主电网的贡献微乎其微，微电网的频率由主电网锁定，运行控制主要集中于功率控制，因此微电网并网运行时分布式电源一般采用 PQ 控制模式。

微电网并网运行时，微电网控制系统可按照一定的控制策略对分布式电源的有功出力和无功出力分别进行控制，在分布式电源稳定运行的基础上，满足电网调度的要求，实现微电网的能量优化。一般来讲，经济性是微电网能量优化的重要目标，在微电网并网运行时，希望光伏发电、风力发电等低发电成本的分布式电源按最大输出功率方式运行，一般不进行出力调整，除非有电网调度需求；一些高发电成本的分布式电源，例如燃料电池、柴油发电机等，不建议在并网运行模式下投入使用；由于 V2G（Vehicle-to-grid，电动汽车入网）具有不

确定性，仅在可预见情况下按微电网实际需求参与功率调节；对于储能单元，其充放电控制是重要的功率调节手段，很多时候需优先采用。

### 7.3.1.1 分布式发电/储能计划控制

分布式发电/储能计划控制是指由用户或电网调度下发分布式电源未来一段时间内的出力计划控制曲线，控制策略按照下发的计划控制曲线来控制分布式电源的出力及储能的充放电。对于功率可控的分布式发电单元，计划控制需在额定功率范围内调整输出功率曲线；对储能单元的充放电控制，需考虑储能单元的安全稳定技术指标，例如电池的 SOC 允许范围、充放电次数等。因此对下发的计划曲线需进行合理性评估。

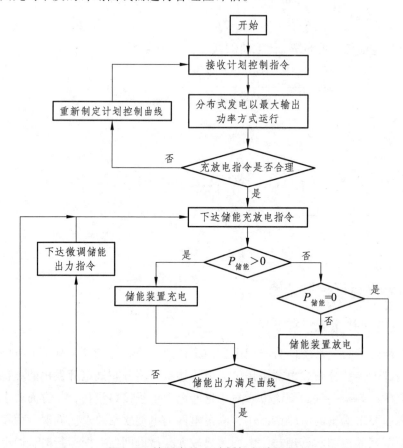

图 7-2　储能充放电计划控制流程图

以储能的计划控制为例，图 7-2 为储能充放电计划控制策略流程示意图，控制策略收到储能单元充放电控制指令后，根据储能单元运行信息和系统参数，判断充放电计划控制曲线是否满足储能单元安全稳定技术指标，如果不满足，则告知用户及电网调度需重新制定充放电计划控制曲线；待满足储能单元合理性要求后，控制策略按计划曲线在相应的时间点向储能单元发送充放电控制指令。控制策略实时统计储能单元出力情况并与计划曲线进行比较，如果储能单元出力与计划曲线有出入，超过允许范围，则实时下达送充放电控制指令，调节储能出力，使其输出功率满足计划曲线要求；若多次下达指令后，储能单元出力与计划曲线差额仍然超过允许范围，则告知用户及电网调度储能单元出力不满足计划要求，方便运行人员及时查明原因。

分布式发电/储能计划控制可用于削峰填谷调度计划，例如，在峰荷时段下令储能单元放电并加大其他分布式电源出力；在谷荷时段下令储能单元充电并减小其他分布式电源出力；在其他时段，计划控制曲线需保证储能单元有足够的备用容量，即峰荷时段有足够的放电容量，谷荷时段有足够的充电容量。在微电网并网运行状态下减小风、光等分布式电源出力会影响微电网运行的经济性，这是用户在提供削峰填谷服务时需注意的问题，在实现电网调度削峰填谷的目标时，应尽可能避免减小风光发电出力，提高微电网运行经济性。

### 7.3.1.2 风光储联合功率控制

分布式发电的出力，特别是光伏发电和风力发电易受到外界因素影响，出力有较大的波动，控制策略可根据分布式发电预测与负荷预测的结果，科学调度微电网内储能单元出力，弥补风、光发电实时波动性，使整个分布式发电出力稳定在一定的范围内，满足稳定供电的要求，这就是风光储联合功率控制。

#### 1. 基本控制流程

风光储联合控制策略可根据预设的分布式电源出力目标，参考下一时间段风力发电和光伏发电预测出力曲线，在满足储能单元安全稳定技术指标的前提下，制定储能单元的预定充放电工作曲线。在实际执行过程中，控制策略要根据风光实际出力对预定充放电工作曲线进行合理性评估，实时调整储能单元的充放电出力在允许的范围内，确保平滑分布式电源出力功能的实现。

图 7-3 为风光储联合功率控制策略流程示意图。控制策略根据预设的分布式电源出力目标，参考下一时间段风力发电和光伏发电预测结果，计算两者之间功率差额（即为储能单元的功率指令），对该目标值合理性进行评估并下达充放电控制指令。控制策略实时统计分布式电源出力情况并与预设出力目标进行比较，如果实际出力与预设目标有出入，超过允许范围，则根据风光和储能实时出力情况，重新计算储能单元功率指令，实时微调储能单元出力，平滑整个分布式发电系统的输出功率，实现微电网内分布式电源的稳定供电。

#### 2. 基于混合储能的功率平滑控制

目前越来越多的微电网采用混合储能系统，典型的混合储能系统一般包含超级电容和蓄电池。用于平抑分布式发电功率波动的混合储能的功率分配算法遵循如下原理：短时间尺度内的功率变化由超级电容来调节，长时间尺度的功率变化由蓄电池来调节。

设储能充电功率为负，放电功率为正，混合储能系统需补偿的总功率 $P_{ES}$ 如式（7-9）所示：

$$P_{ES} = P_{set} - P_{w.s} \tag{7-9}$$

其中：$P_{set}$——风光储联合出力目标功率值；

$P_{w.s}$——风光出力功率值。

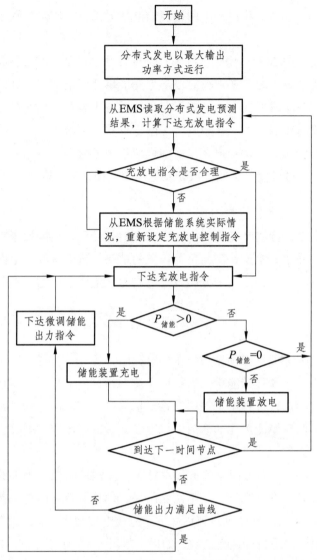

图 7-3  风光储联合功率控制流程图

设功率变化的时间尺度变化值用功率变化值 $P_k$ 来衡量，取 $P_k=P_{w.s}(t_i)-P_{w.s}(t_{i-1})$，采取的控制算法是设定一个功率变化限定值 $P_{kup}$，当功率变化绝对值小于限定值时，补偿功率由蓄电池来调节；当功率变化绝对值大于限定值时，剩余部分由超级电容来调节。

蓄电池在 $t$ 时刻需调节的功率 $P_{bat}$ 如式（7-10）所示：

$$P_{bat}(t)=\begin{cases} P_{ES}(t) & |P_k|\leqslant P_{kup} \\ P_{bat}(t_{i-1})+P_{kup} & |P_k|>P_{kup}\text{且}P_k>0 \\ P_{bat}(t_{i-1})-P_{kup} & |P_k|>P_{kup}\text{且}P_k<0 \end{cases} \tag{7-10}$$

当功率变化值小于该限定值时，补偿功率全部由蓄电池来调节；当功率变化绝对值大于限定值时，分配给蓄电池的功率调节值为前一时刻的调节值与最大允许功率变化值之和，剩余部分由超级电容来调节。

超级电容在 $t$ 时刻需调节的功率 $P_{sc}$ 如式 7-11 所示：

$$P_{\mathrm{SC}}(t) = P_{\mathrm{ES}}(t) - P_{\mathrm{bat}}(t) \qquad\qquad\qquad (7\text{-}11)$$

对于功率变化率限定值 $P_{\mathrm{kup}}$ 的选取，需根据蓄电池的充放电功率限值以及 $SOC$ 允许范围来调整。

#### 7.3.1.3　联络线功率控制

微网并网运行时，对微电网公共连接点的功率设定计划值或计划曲线，使其按照设定运行，在制订计划值或计划曲线时，需考虑到实际工程中的发电与负荷曲线，合理制订计划值或计划曲线。联络线功率控制策略可实现联络线的恒功率控制及功率平滑控制。

制订联络线计划值的基本原则包括：联络线功率控制在正常工作日、周末和节假日应有不同的控制目标；储能系统尽量在晚上充电、白天放电，减少白天需要从大电网的购电量，节约电费；发电量尽量在微电网内部消纳，减少与外部电网的电量交换。

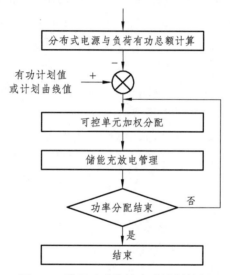

图 7-4　并网时联络线有功计划控制

图 7-4 所示为并网运行时微网与配电网间联络线有功功率计划控制策略，此时微网内包含多个功率可控单元，包括多个储能单元、光伏发电单元、风力发电单元。对于光伏发电单元和风力发电单元一般采用最大功率控制模式，功率控制主要依靠储能单元进行调节，当微电网内含有多个储能单元时，可采用加权分配的算法分配各储能单元出力：充电时，按各储能单元消耗储能电量占总消耗储能电量的百分比分配；放电时，按剩余储能电量占总剩余储能电量的百分比分配。

同时，需要根据储能系统充放电功率及当前荷电状态来进行储能充放电管理，其原则依然是满足储能单元安全稳定技术指标，充放电功率不超过允许的最大充放电功率，避免蓄电池的过充过放。为保障储能单元的备用容量，当 $SOC$ 较大时，要采用小功率充电大功率放电方式，当 $SOC$ 较小时，要采用大功率充电小功率放电方式。

#### 7.3.1.4　无功电压控制

微电网接入系统电网后，不但改变了电力系统的网络结构，也改变了系统电源分布和无功分布。微电网一般接入系统电网的末端，这部分地区往往无功不足、电压水平较低，微电网并网运行后，可利用微电网内可控电源的无功输出能力，选择科学、合理的微电网无功补偿方案，有效提高系统末端电压水平，降低网损，提高微电网电压稳定性。

1. 基本概念

电压调整和无功功率控制是配电网运行的重要方面之一。配电网的电压调整通过变电站和变电站以及各条馈线上的各可控设备完成。可投切电容器和有载调压变压器在传统的配电网中用于电压调整，但可投切电容器和有载调压大多是基于本地控制而不受远方控制。近年来，在电网越来越多地中采用电力电子设备用于电压支撑和无功功率补偿。比如采用 SVC 和 STATCOM 等吸收和发出无功功率来进行快速有效的无功补偿。

电压调整方案选择取决于配电网设计和规划目标，目前电网规划目标大多为最小化投资，在变电站采用有载调压变压器，并在相应的馈线上安装并联电容器。配电线路由其馈线长度、线路规格、负荷变化、三相不平衡等因素，在配电网中获得优化的电压调整方案比较困难。并且配电网的结构和运行方式也必须在优化中予以考虑，网状结构的配网的电压分布较优于辐射状网络，但由于辐射状网络运行维护简单并且成本低，故其在目前的配网中大量采用。在辐射状配电网中，有载调压难以保证馈线的首端和末端都工作在合格的范围之内，并且有可能因为母线上一条馈线末端电压偏低进行调整而导致其他馈线电压偏高等现象。

光伏发电大多通过变压器或逆变器并入电网，并且能够相对电网电压超前或滞后输出电流，即光伏发电可用于电压调整。光伏发电可用于提供满容量的无功功率，在不提供有功功率时也可输出无功功率。

无功优化管理主要有以下四个方面：

① 在无功规划阶段解决无功优化配置问题；

② 在系统运行阶段解决无功管理与考核问题；

③ 在操作阶段解决无功电压自动控制问题；

④ 在评估阶段解决无功电压效果分析问题。

无功优化在电网规划设计中已有涉及，如前所述在电网规划中根据规划目标进行无功优化设计，其中需要考虑有载调压、并联电容的位置和容量。在接入光伏发电的配电网中，需要考虑到光伏发电的接入容量和接入点。本节主要讨论无功优化调度方面的内容。

电力系统无功优化是一个多变量、多约束的混合非线性规划问题。当前关于无功优化的算法很多，传统的优化方法有非线性规划以及二次规划等；另外随着人工智能和计算机技术的发展，一些新型的优化算法如专家系统、Tabu 搜索、遗传算法、免疫算法等都取得了一定的成果。

2. 微电网无功补偿容量计算

无功补偿容量的大小决定于用电负荷的大小、补偿前用电负荷的功率因数以及补偿提高后的功率因数值，一般常用计算法求补偿设备容量：

$$Q_B = P_m \tan \varphi_1 - P \tan \varphi_2 \qquad (7\text{-}12)$$

或

$$Q_B = Q_m(1 - \tan\varphi_2 / \tan\varphi_1) \qquad (7\text{-}13)$$

式中　$Q_B$——所需的补偿容量，kvar；

　　　$P_m$——最大负荷月的平均有功负荷，kW；

　　　$Q_m$——最大负荷月的平均无功负荷，kvar；

　　　$\tan\varphi_1$——补偿前的功率因数角 $\varphi_1$ 的正切值；

　　　$\tan\varphi_2$——补偿后要求达到功率因数角 $\varphi_2$ 的正切值。

也可用下公式直接求出 $Q_B$ 补偿容量值

$$Q_C = P\left[\sqrt{\frac{1}{(\cos\varphi_1)^2} - 1} - \sqrt{\frac{1}{(\cos\varphi_2)^2} - 1}\right] \qquad (7\text{-}14)$$

$\cos\varphi_2$ 采用最大负荷月的平均功率因数，$\cos\varphi_1$ 的确定必须适当。

### 3. 分布式发电参与无功优化的情况

据 DG 参与无功优化的情况将 DG 分为如下几种：

同步机发电机。同步机发电机主要是通过原动机捕获动能，并将其转化为机械能，然后再由发电机将机械能转化为电能，最后并网运行。同步机发电机组分为恒速和变速两种类型。早期风电场主要采用恒速异步风力发电机，在向电网输出有功的同时从电网吸收无功，不具备电压控制能力，还会引起区域电压降落。随着风力发电技术的发展，变速恒频双馈风电机组逐渐成为新建风电场的主流机型，转子由变流器提供交流励磁控制，实现变速恒频及输出有功和无功的解耦控制，双馈风电机组能够按系统调度在其容量范围内发出或吸收无功。

通过逆变器并网的 DG（IDG）。燃料电池、光伏系统和微透平机组等发出直流或高频交流电的 DG 均需通过逆变器与电网并网。通过控制并网逆变器，DG 在向电网提供有功功率的同时也能够提供电网所需的无功功率。IDG 能够提供无功功率的容量为

$$|Q|_{max} = \sqrt{S_{max}^2 - P_{act}^2} \qquad (7\text{-}15)$$

式中，$Q$ 代表 IDG 提供的无功功率；$S_{max}$ 代表 IDG 并网逆变器能提供的最大视在功率；$P_{act}$ 代表 IDG 并网逆变器提供的有功功率。

以励磁电压可调型同步发电机为核心的 DG（SDG）。SDG 包括柴油机、地热能、海洋能及生物质能发电系统等。通过调节同步发电机的励磁系统，即可调节其无功输出。

### 4. 无功电压的优化目标

选定可向电网提供无功的 DG 无功功率容量 QDG，无功补偿设备出力 QC 和有载调压变压器的电压比 VR 作为控制变量，负荷节点电压 U 为状态变量。以电力系统有功网损最小作为无功优化的目标函数，同时嵌入负荷节点电压越限的罚函数，形成的综合目标函数可表示为

$$F = \min\left\{P_L + \lambda\sum_{i=1}^{n}\left(\frac{\Delta U_i}{U_{i\max} - U_{i\min}}\right)^2\right\} \qquad (7\text{-}16)$$

其中：

$$\Delta U_i = \begin{cases} U_{i\min} - U_i, & U_i < U_{i\min} \\ 0, & U_{i\min} < U_i < U_{i\max} \\ U_i - U_{i\max}, & U_{i\max} < U_i \end{cases} \qquad (7\text{-}17)$$

式中，$P_L$ 为系统有功网损；$\lambda$ 为节点电压越限罚系数；$n$ 代表负荷节点数；max，min 为变量的上、下限取值。

模型中等式约束条件为潮流方程：

$$\begin{cases} P_i = P_{Gi} - P_{li} = V_i \sum_{j=1}^{n} V_j (G_{ij} \cos \theta_{ij} + B_{ij} \sin \theta_{ij}) \\ Q_i = Q_{Gi} + Q_{Ci} - Q_{li} = V_i \sum_{j=1}^{n} V_j (G_{ij} \sin \theta_{ij} - B_{ij} \cos \theta_{ij}) \end{cases} \qquad (7\text{-}18)$$

式中，$P_i$、$P_{Gi}$、$P_{li}$ 分别为节点 i 注入的有功功率、发电机有功出力及负荷消耗有功；$Q_i$、$Q_{Gi}$、$Q_{Ci}$、$Q_{li}$ 分别为节点 i 注入的无功功率、发电机无功出力、无功补偿容量及负荷消耗无功；$G_{ij}$、$B_{ij}$ 和 $\theta_{ij}$ 分别为节点 $i$、$j$ 之间的电导、电纳和电压相角差；$n$ 为系统节点数目。

控制变量不等式约束为

$$\begin{cases} Q_{DGk\min} \leqslant Q_{DGk} \leqslant Q_{DGk\max} \\ Q_{Ci\min} \leqslant Q_{Ci} \leqslant Q_{Ci\max} \\ V_{Rj\min} \leqslant V_{Rj} \leqslant V_{Rj\max} \end{cases} \qquad (7\text{-}19)$$

式中，$Q_{DGk\min}$、$Q_{DGk\max}$，$Q_{Ci\min}$、$Q_{Ci\max}$，$V_{Rj\min}$、$V_{Rj\max}$ 分别表示光伏发电的无功容量、无功补偿设备的无功容量、有载调压变压器电压比最小、最大值。

状态变量不等式约束为

$$U_{i\min} \leqslant U_i \leqslant U_{i\max} \qquad (7\text{-}20)$$

式中，$U_{i\min}$、$U_{i\max}$ 分别为节点电压上、下限值。

### 7.3.2 微电网离网运行控制策略

离网运行时，运行控制方案分为对等控制和主从控制两种，鉴于目前对等控制相关产品商业化还不是很普及，这里主要讨论主从控制。微电网将系统内 DG 分为两类：主控型和功率源型。功率源型 DG 与目前的 DG 基本类似，只发出恒定的有功或是执行最大功率跟踪，不参与网络调节，按照 P/Q 策略进行控制。而主控的 DG 则必须要维持微网的基本运行，通常是稳定型能源，如微型燃气轮机、燃料电池、带有储能的可再生能源等。主控的 DG 需承担一次调频责任，即必须在各个电源之间无通信的前提下，利用本地电压电流对网内扰动在数毫秒内做出合适反应。MEMS 主要进行二次调频工作，即实时计算重要负荷与分布式发电输出功率之间的功率差，控制储能装置动作，平衡系统功率。

主控型 DG 较为典型的电压支撑控制是采用有功/电压（PV）控制，其实现的方法较多。图 7-5 为电压源并网方式的 PV 控制，包括电压控制和相角控制两部分。相角控制通过相角差控制跟踪有功给定；电压则通过控制接入点电压跟踪参考电压，此处给定为 1 p.u.。

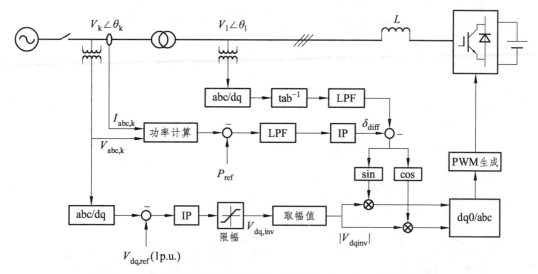

图 7-5　微网联网运行时主控型 DG 有功/电压（PV）控制框图

功率型 DG 通常只发出恒定的有功或执行最大功率跟踪，不需要切换控制模式，通常采用电流控制方法，图 7-6 所示为其中一种较为简化的控制方法，由有功给定和无功给定计算 $i_{\text{d\_ref}}$ 和 $i_{\text{q\_ref}}$ 进行控制。

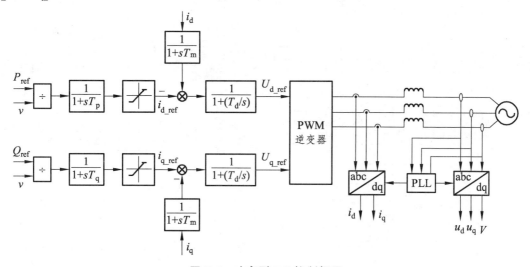

图 7-6　功率型 DG 控制框图

### 7.3.2.1　有功功率控制

微网离网运行时，按照某个离网运行目标对微网内的电源、储能、负荷等设备的有功功率进行控制，即为离网时的微网有功优化控制。离网运行目标主要是离网有功平衡优化控制：

微电网离网运行时，首要目标是保证重要负荷的供电，在此基础上，可选择地保证可控负荷的供电，非重要负荷的供电不予保障。

离网有功平衡优化控制的核心是根据微网内储能单元的剩余储能容量决定微网内发电单元和负荷单元的调节方法。

离网运行，微网内的主储能运行在恒压恒频模式，其输出功率由储能 PCS 自动控制，不能接受外部控制。离网有功平衡优化控制功能主要为：监视储能电池组的 SOC 值，当 SOC 实时值逐渐逼近最大 SOC 值时，需调整电源出力；当 SOC 实时值逐渐逼近最小 SOC 值时，需调整负荷功率。控制功能的核心即为当储能 SOC 值位于不同的值区间时，执行相应的一系列操作。

离网运行时有功优化如图 7-7 所示。

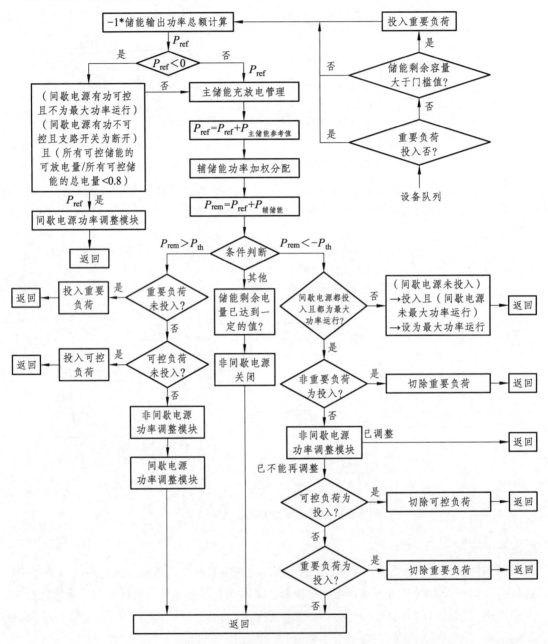

图 7-7　离网运行时有功优化流程图

储能的充放电管理方法主要是根据图 7-8 中所示的储能充放电曲线，对输入储能充放电管理模块的功率值进行一定的调整后输出调整后的功率值。

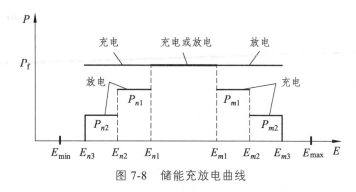

图 7-8　储能充放电曲线

图 7-8 中，功率输入值为 $P_f$，$E$ 表示储能单元的剩余容量，$E_{m1}$ 表示低充电定值，$E_{m2}$ 表示高充电定值，$E_{m3}$ 表示最大充电定值，$E_{max}$ 表示工程中最大储能容量，$E_{n1}$ 表示高放电定值，$E_{n2}$ 表示低放电定值，$E_{n3}$ 表示最小放电定值，$E_{min}$ 表示工程中最小储能容量。充电时，当 $E$ 小于 $E_{m1}$ 时，输出功率值仍为 $P_f$；当 $E$ 介于 $E_{m1}$ 和 $E_{m2}$ 之间时，若 $0.5P_f$ 大于 $P_{m2}$（一固定小值），输出功率值变为 $P_{m1}=0.5P_f$，否则仍为 $P_f$；当 $E$ 介于 $E_{m2}$ 和 $E_{m3}$ 之间时，$P_f$ 若大于 $P_{m2}$，输出功率值变为 $P_{m2}$，否则仍为 $P_f$；当 $E$ 达到 $E_{m3}$ 时，输出功率值变为 0。放电时，当 $E$ 大于 $E_{n1}$ 时，输出功率值仍为 $P_f$；当 $E$ 介于 $E_{n2}$ 和 $E_{n1}$ 之间时，若 $0.5P_f$ 大于 $P_{n2}$（一固定小值），输出功率值变为 $P_{n1}=0.5P_f$，否则仍为 $P_f$；当 $E$ 介于 $E_{n3}$ 和 $E_{n2}$ 之间时，$P_f$ 若大于 $P_{n2}$，输出功率值变为 $P_{n2}$，否则仍为 $P_f$；当 $E$ 达到 $E_{n3}$ 时，输出功率值变为 0。充放电功率设定曲线如此设计的目的是在储能单元的剩余容量较大时，要减小其充电功率，在储能单元的剩余容量较小时，要减小其放电功率。

### 7.3.2.2　无功电压控制

对微电网来说，离网时系统无功优化与电压控制显得尤为重要。失去了主电网提供的电压/频率参考值，微电网协调控制器只能调节主电源无功出力以及可调无功手段来稳定微电网系统的电压。一般来说，主电源的调节范围会受到自身容量的限制，不能实时满足用户对电能质量的要求。因此，在发生无功不平衡时，MEMS 计算所需无功功率，根据其性质和大小，考虑 SVC 投切的状态和数量。但是，SVC 投切的数量与容量是固定的，如果调整 SVC 不能满足系统需求，还需要 MEMS 对各级微电网无功出力进行微调，才可以实时稳定微电网电压。将 DG 按无功调节能力划分稳态电压管理集；将同步机并网类型划分为自然支撑点、将异步类型设定为被动扰动源、将逆变并网型选择为实时管理电源集；将系统的功率优化结果分解为无功优化项和电压支撑项。对优化项根据实时网络无功潮流测量数据更新，对于不稳定能源的逆变型分布式能源来说，电压支撑项根据其发出的有功波动情况而不停更新，以保证有功波动不影响节点电压。对于备用容量较大的逆变型分布式能源来说，只有当电压越过设定边界时才调整。

如图 7-9 所示，主储能无功管理根据主储能有功实测值，加上一定的有功和无功裕量考虑，得到主储能无功参考设定值。超级电容和可控分布式光伏单元无功加权分配算法是：按照当前最大可设无功值在所有可设总无功值中的权重分配。

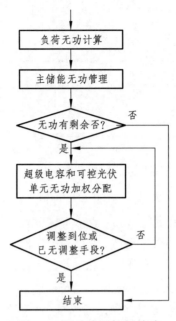

图 7-9　无功协调控制策略

### 7.3.3　微电网工况切换控制

图 7-10 展示了微电网运行过程中各个运行状态的切换过程：

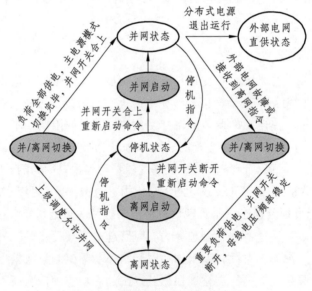

图 7-10　微电网运行过程状态机

#### 1. 并网运行-并/离网切换

并网运行时，微电网类似一个可控负荷或者电源，这种状态下主要根据优化目标，在电网安全性和稳定性允许的情况下，分布式发电、储能和负荷按照一定控制策略并网运行，实现运行优化。当外部电网出现异常时（如电压跌落、频率振荡等）或者有上级需求时，微电网立刻断开并网开关，进入并/离网转换状态，主要有无缝切换与有缝切换两种切换模式，可供业主自由选择。

2. 并/离网切换-离网运行

在并/离网切换执行过程中，如果微电网内重要负荷与可控负荷安全运行，微电网母线电压、频率稳定在允许范围内，并网开关断开，则可认为微电网进入了离网运行状态。

3. 离网运行-离/并网切换

离网运行时，主电源采用V/f控制模式，稳定微电网的电压和频率，控制策略调整储能单元出力，协调分布式电源与负荷能量平衡，维持微电网的安全稳定运行，保证微电网重要负荷的供电。微电网实时检测外部电网电压/频率，一旦外部电网恢复供电即向上级调度申请重新并网，待上级调度允许后，微电网进入离/并网切换状态，业主可以选择有缝切换或无缝切换模式两种方式。

4. 离/并网切换-并网运行

在离/并网切换执行过程中，微电网完成与外部电网的同步，合上并网开关，主电源切换至PQ控制模式，分布式电源恢复出力，负荷恢复供电，则可认为微电网重新并网运行。

5. 并网运行-外部电网直供电

微电网并网运行时，若分布式电源发生故障或收到人工指令退出运行，微电网内只有负荷运行，由外部电网直接供电，此时微电网为纯用电负荷。

6. 任何运行状态-停运

无论微电网处于何种稳定的运行状态时，只要收到停机指令，则微电网内全部设备退出运行，并网开关断开，微电网进入停止运行状态。

7. 停运-并网

微电网处于停止运行状态时，实时监测微电网内部与外部电网运行信息，待消除微电网内设备故障后以及收到恢复指令后，微电网并网开关合上，分布式电源恢复出力，负荷恢复供电，微电网进入并网运行状态。

8. 停运-离网

微电网处于停止运行状态时，实时监测微电网内部设备信息，待消除微电网内设备故障后以及收到恢复指令后，并网开关保持断开，分布式电源恢复出力，重要负荷恢复供电，微电网进入离网运行状态。

7.3.3.1 微电网启/停机控制

1. 外部电网直供电到停运

从外部电网直供电到微电网停运的主要目标就是保证微电网内负荷安全切除。当接收到微电网停运指令，微电网与外部电网断开，停止对微电网内负荷进行供电。

控制策略如图 7-11 所示，先断开负荷支路开关，后断开微电网并网开关。图中对开关状态的标记，合闸时为 1，分闸为 0，以下类同。

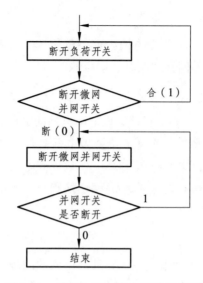

图 7-11  外部电网直供电到停运控制

2. 停运到外部电网直供电

从微电网停运状态到外部电网直供电状态时，主要是保证微电网内负荷安全供电。控制策略如图 7-12 所示。

当接收到进入外部电网直供电模式的命令时，首先合闸微电网并网开关，后合闸微电网负荷支路开关。

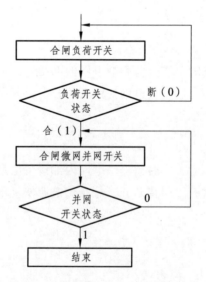

图 7-12  停运到外部电网直供电

3. 并网启动

当接收到微电网并网启动指令或监测到外部电网恢复运行，微电网由停运状态恢复到并网运行状态，控制策略如图 7-13 所示。

　　首先确认微电网处于停运状态，负荷无供电，外部电网运行正常，并网开关正常；然后合并网开关，建立微电网内电压，合上负荷支路开关，恢复负荷供电；最后依次合上各个分布式电源支路开关，各分布式电源恢复出力。需要注意的是控制储能单元运行在 PQ 控制模式。

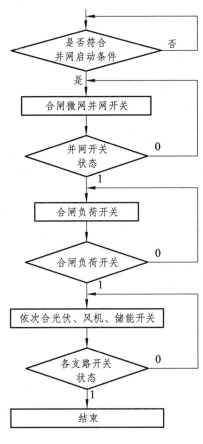

图 7-13　并网启动控制

　　4. 并网停机

　　在监测到外部电网故障或接收到微电网停机指令后，微电网由并网运行状态进入停止运行状态，控制策略如图 7-14 所示。

　　首先断开负荷支路开关，然后依次退出各分布式电源并断开各分布式电源支路开关，最后断开并网开关。

　　5. 离网启动

　　在接收到微电网离网启动指令后，微电网由停运状态进入离网运行状态，控制策略如图 7-15 所示。

　　首先确认微电网处于停运状态，负荷无供电，满足离网启动条件；然后控制主电源以 V/f 控制模式投入运行，建立微电网母线电压和频率；最后依次投入各分布式电源和负荷，确认微电网进入离网运行状态。

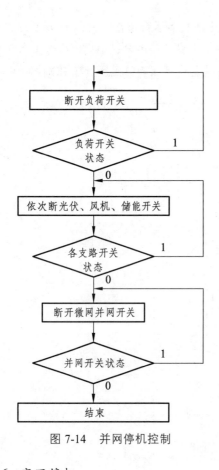

图 7-14 并网停机控制

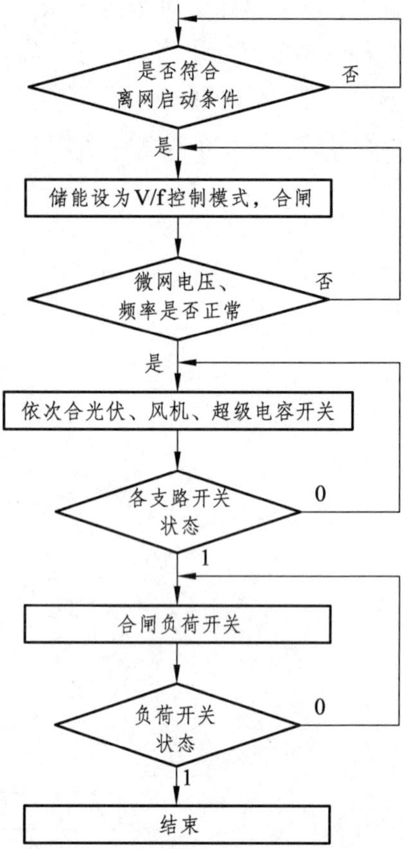

图 7-15 离网启动控制

**6. 离网停机**

当接收到微电网离网停机指令后，微电网由离网运行状态进入停运状态，控制策略如图 7-16 所示。

首先确认微电网处于离网运行状态，断开负荷支路开关，然后依次退出除主电源外的各分布式电源，并断开支路开关；最后退出主电源，微电网进入停运状态。

**7.3.3.2 微电网并网转离网控制**

微电网并网转离网控制是指外部电网故障或根据情况需要微电网离网运行时，将处于并网运行模式的微电网转换到离网运行模式。微电网进行并/离网运行模式切换时，可以采用无缝切换和短时有缝切换两种策略。

无缝切换是保证微电网在两种运行模式间平稳过渡的关键技术。当检测到外部电网发生故障或根据情况需要微电网独立运行时，应迅速断开与公共电网的连接，转入离网运行模式。在这两种运行状态转换的过程中，需要采用相应的控制措施，以保证平稳切换和过渡。无缝切换供电可靠性高，在外部电网故障时，仍可以维持微电网内负荷不断电，但对微电网控制要求较高。

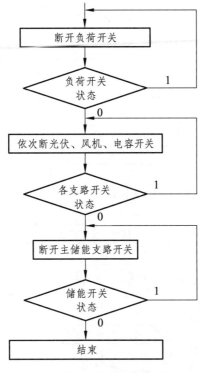

图 7-16　离网停机控制

对于允许短时停电的有缝切换方案，当外部电网故障时，微电网首先退出运行，微电网内负荷短时停电；当确认微电网与外部电网断开后，经过一定时间等待，微电网内主电源重新建立微电网的电压和频率，负荷恢复供电，微电网离网运行。

无论是有缝切换还是无缝切换，微电网内可控负荷与一般负荷在切换前都被切除，在系统逐步恢复运行时，可控负荷将有序投入，一般负荷不再投入运行。

1. 有缝切换

有缝切换模式下，微电网收到并网转离网指令，动作顺序如下：

① 断开负荷支路开关，依次退出各分布式电源并断开并网开关。

② 等待一段时间后，确认并网开关断开。

③ 发送主电源 V/f 模式启动指令，建立微电网母线电压、频率。

④ 投入其他其他分布式电源，合上重要负荷支路开关，恢复重要负荷供电。

⑤ 根据可控负荷功率和分布式电源出力情况，在确保能量平衡、系统稳定的前提下，投入相应的可控负荷。

⑥ 确认微电网母线电压、频率正常，负荷供电正常，微电网进入离网运行状态。

控制策略流程如图 7-17 所示。

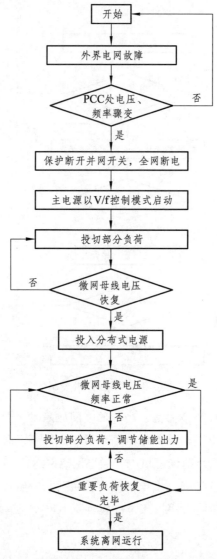

图 7-17 微电网并/离网有缝切换控制方案

## 2. 无缝切换

无缝切换模式下，微电网收到并网转离网指令，动作顺序如下：

① 向主电源发送并网转离网预备指令，通知主电源做好控制模式切换准备。

② 跳开可控负荷和一般负荷支路开关。

③ 跳开并网开关。

④ 向主电源发送并网开关跳位信号。

⑤ 主电源收到并网开关跳位信号后立刻进入 V/f 控制模式，维持微电网电压、频率稳定，确保重要负荷供电。

⑥ 根据可控负荷功率和分布式电源出力情况，在确保能量平衡、系统稳定的前提下，投入相应的可控负荷。

⑦ 确认微电网母线电压、频率正常，负荷供电正常，微电网进入离网运行状态。

控制策略流程如图 7-18 所示。

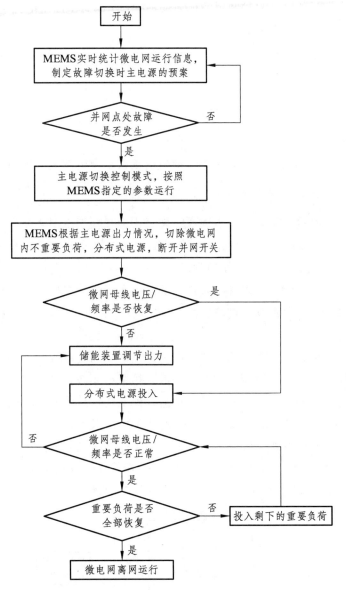

图 7-18　微电网并/离网切换时无缝切换控制方案

**3. 外部电网故障情况下的自动并/离网切换**

微电网处于并网运行状态时，当外部电网发生故障，微电网失去外部电源，在并网点保护装置的配合下，可以控制微电网采用无缝切换的模式，自动由并网运行状态转为离网运行状态，使微电网内重要负荷的供电不受外部电网故障的影响。

在微电网选择故障情况并/离网切换模式时，并网点保护可做如下设置：

① 设置故障情况并/离网切换软压板。

② 防孤岛保护联跳可控负荷和一般负荷支路开关。

③增加模式切换启动信号开出。

具体切换过程可采用如下控制策略：

①外部电网故障，并网点保护装置防孤岛保护动作，同时送出主电源模式切换启动信号，通知主电源做好控制模式切换准备。

②并网点保护装置跳开并网开关，同时联跳可控负荷和一般负荷开关。

③主电源收到并网开关跳位信号后立刻进入 V/f 控制模式，维持微电网电压、频率稳定，确保重要负荷供电。

④根据可控负荷功率和分布式电源出力情况，在确保能量平衡、系统稳定的前提下，投入相应的可控负荷。

⑤确认微电网母线电压、频率正常，负荷供电正常，微电网进入离网运行状态。

### 7.3.3.3 微电网离网转并网控制

微电网离网转并网控制是指外部电网供电恢复正常或根据情况需要微电网并网运行时，将处于离网运行模式的微电网转换到并网运行模式。微电网离/并网模式切换时需获得配网调度允许。微电网进行离/并网运行模式切换时，同样可以采用无缝切换和短时有缝切换两种策略。

在有缝切换模式下，微电网内各分布式电源退出运行，微电网失压，负荷短时断电；然后合上微电网并网开关，负荷恢复供电，经过一定时间间隔后，微电网内各分布式电源重新投入运行，恢复出力。

在无缝切换模式下，微电网重新并网要解决的是微电网主电源与外部电网的同期问题，要求并网时微电网与外部电网有相同的电压幅值、相位和频率。微电网同期并网需对并网点两侧的电压幅值、相位和频率三对参数进行检测并控制在可接受的范围内，一般允许幅值相差±5%额定电压以内、相位相差 3°以内、频率相差 0.2 Hz 以内。

微电网主电源准同期方案一般采用电压电流双环控制，能够使并网点两侧的电压在很短的时间内达到同步并网的条件，实现平滑、快速并网的目的，从而减小并网时对微电网及设备的冲击。微电网主电源同期并网控制器的设计如图 7-19 所示。

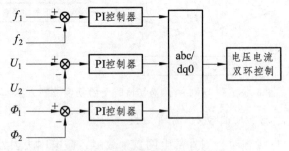

图 7-19　同期并网控制器结构框图

### 1. 有缝切换

在有缝切换模式下，微电网收到离网转并网指令，动作顺序如下：

①跳开负荷支路开关，负荷短暂断电。

②各分布式电源退出运行。

③ 合上并网开关，确认微电网母线电压、频率恢复。

④ 合上负荷支路开关，负荷恢复供电。

⑤ 各分布式电源投入运行，恢复出力。

⑥ 确认微电网母线电压、频率正常，所有负荷供电正常，微电网进入并网运行状态。

控制策略流程如图 7-20 所示。

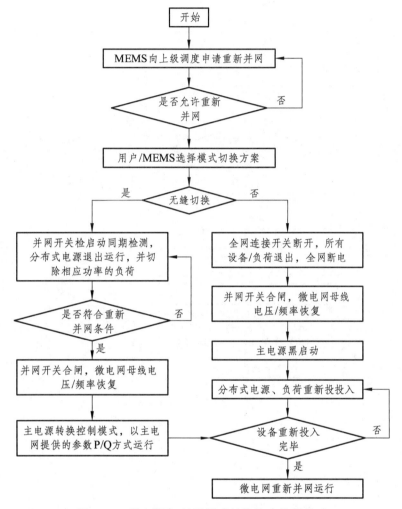

图 7-20  微电网离/并网模式转换综合控制策略

## 2. 无缝切换

在无缝切换模式下，微电网收到离网转并网指令，动作顺序如下：

① 同期并网控制器收到同期并网指令后通知主电源做好控制模式切换准备。

② 同期并网控制器进入准同期过程，调整主电源使微电网电压满足并网条件。

③ 合上并网点开关。

④ 主电源收到并网开关合位信号后立刻进入 PQ 控制模式。

⑤ 确认微电网母线电压、频率正常，重要负荷、可控负荷供电正常。

⑥ 合上一般负荷支路开关，一般负荷恢复供电。

⑦ 确认微电网母线电压、频率正常，所有负荷供电正常，微电网进入并网运行状态。控制策略如图 7-21 所示。

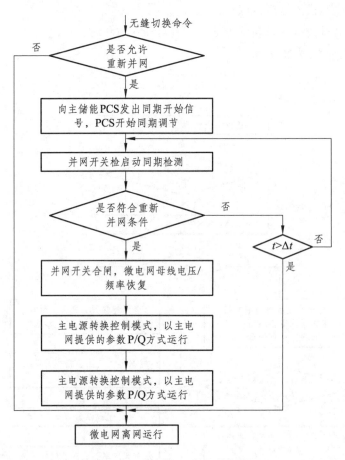

图 7-21　离并网无缝切换控制

## 7.4　应用案例分析

### 7.4.1　钠硫电池储能系统

1. 背景

从 2001 年开始，美国电力公司接到的分布式发电请求呈几何级数增长。用户拥有的分布式发电要实现大规模应用，也面临许多诸如发电位置的优化、发电的不确定性和低稳定性、能量回馈安全等问题。将优化后的分布式储能系统用于电网可以大大降低此类问题的风险，增强电网运行者对整个电网的控制能力，提高供电可靠性并能从分布式发电系统中获得收益。

美国电力公司（AEP）投资 2700 万美元购买固定钠硫电池系统，布置在西弗吉尼亚州和俄亥俄州服务地区，以增加供电可靠性和储藏容量。在西弗吉尼亚州的查尔斯顿市安装了美国历史上第一套基于钠硫电池的储能系统。该 1.2 MW（7.2 MW·h）钠硫电池储能系统于 2006 年 6 月 26 日实现商业运行，短期目标是减轻当地电力容量饱和的压力和提高供电的可靠性。

主要功能：

① 提高系统可控性和可靠性；

② 通过降低分布式发电的单体容量来提高其电网比例；

③ 提高由于孤岛运行等模式的系统可靠性；

④ 建立基荷电力系统；

⑤ 改进设备管理，通过降低系统峰值负荷延长设备寿命；

⑥ 降低峰值需求从而降低设备投资；

⑦ 提供了一个对解除环境影响的能源套利机会；

⑧ 调压调频收益。

为降低成本和取得实际运作经验，美国电力公司没有采用交钥匙工程方式，而是分别和主要的供应商签署合同。钠硫电池由日本 NGK 公司提供，Meiko 公司负责电池的运输，电池系统的电气柜由 Kanawha 制造公司提供，功率变换器由美国 S&C 电气公司提供。

2. 概况

经过对 19 个变电站的评估和筛选，美国电力公司最终确定西弗吉尼亚州查尔斯顿市的 Chemical 变电站作为储能系统的安装地点。评估储能系统安装地点的主要依据有：

① 需要增容或提高供电可靠性；

② 负荷以较慢的速度增长；

③ 比传统扩容方案成本低；

④ 未来规划的不确定性；

⑤ 易于对新技术进行管理；

⑥ 便于技术支持。

Chemical 变电站是 138 kV 输电和 12 kV 配电电站，由 20 MV·A，46 kV/12 kV 配电变压器和电压调节器提供三路馈电输出。在 2005 年 6—8 月份，已经接近负荷容量，预计未来要超过容量上限，因此，安装储能系统能够在未来几年缓解供电压力，而不需要建设新的变电站。储能系统安装在其中一条馈电线路上，如图 7-22 所示。

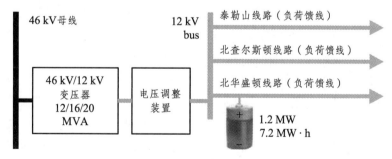

图 7-22  储能系统接入系统示意图

从图 7-23 的负荷曲线可以看出，峰值负荷出现在 15:00—18:00 时间段。因此，在负荷最高的时段，可以让钠硫电池以 120%的功率放电 1.5 h，即可以减小供电负荷 1.2 MW。而在晚上负荷低谷期，对钠硫电池进行充电。

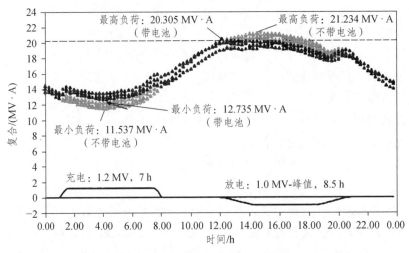

图 7-23　接入储能前后的负荷曲线

3. 示范运行

根据 IEEE1547-2003 和 1547.1-2005 标准，对电池模块进行现场充放电测试。放电时，采用标准功率 1 MW 和最大功率 1.2 MW 两种方式，放电深度分别取 100%、90%、50% 和 33%。

（1）正常运行时放电功率 1 MW，预留 0.2 MW 用于紧急状况或偶然过负载；

（2）90% 的放电深度可以延长电池的寿命 1 倍（推荐的运行方式），100% 放电只运行于急需的场合；

（3）50% 放电用于冬季两次用电高峰的场合；

（4）33% 放电按需要用于短期频繁的放电。

1. 电池模块

Chemical 变电站的电池储能系统由 20 组 50 kW（峰值功率 60 kW）的钠硫电池模块组成，储能容量为 360 kW·h，尺寸是 2.3 m×1.8 m×0.7 m，体积为 2.9 m³，质量为 3400 kg。

2. 功率变换系统

由 S&C 公司设计制造的功率变换系统 PCS 容量为 1.25 MV·A，安装在钠硫电池和升压变压器（1.5 MV·A，480 V/12 kV）之间。

电气接线和数据交换示意图如图 7-24 所示，钠硫电池模块分为 2 组，每组 10 个串联，经直流稳压后汇总到 PCS 逆变器。

流入到 PCS 主控制器的数据包括：（1）配电网，包括电流、电压、潮流和馈电变压器的温度；（2）PCS 元件；（3）钠硫电池控制器。PCS 主控制器存储运行信息，并通过 SCADA 和人机接口提供数据交互：与 SCADA 的通信用于电网调度；人机接口实现现场和远程的监控，供 AEP、NGK 和 S&C 公司使用。

开始运行的前 3 个月为试运行，期间详细监控了系统的性能参数。图 7-25 为最热 3 天的负荷曲线，储能系统在平衡负荷的同时，也减小了温升 3～6℃，从而延长了馈电变压器的使用寿命。图 7-25 为增加储能系统前后，馈电变压器的功率和温升对比图。在钠硫电池储能系统运行期间，馈电负载系数由 0.75 提高到 0.8。冬季由于取暖的需要，放电时间改为每天早晚 2 次。交流侧的实测效率为 76%。为延长电池寿命，实际使用其额定容量( 7.2 MW ·h )的 83% ~ 90%。

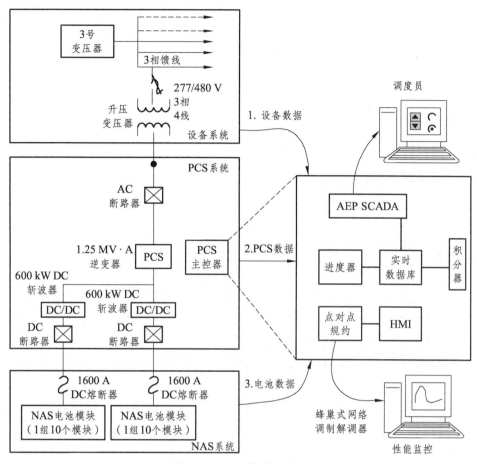

图 7-24　PCS 接线示意图

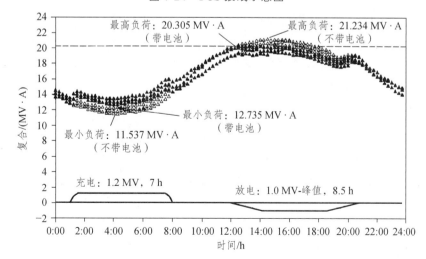

图 7-25　最热 3 天的负荷曲线

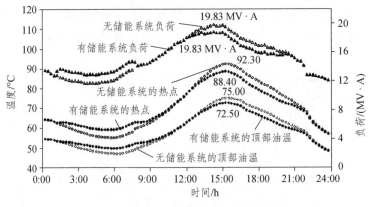

图 7-26　储能系统对馈电变压器的影响

### 7.4.2　液流电池储能系统

**1. 背景**

美国太平洋电力公司（PacifiCorp）是一个大型发电、输电和销售的公司。作为太平洋、俄勒冈、华盛顿、怀俄明州、加利福尼亚州、犹他州、爱达荷州和怀俄明州的电力供给公司，该公司拥有超过 150 万的客户。

美国太平洋电力公司在犹他州的电源输电线路已经使用超过 50 年，改输电线路总长超过 136 km。近年来，美国太平洋电力公司收到一线公共服务委员会有关用电可靠性和电能质量上的投诉。美国太平洋电力公司同意解决这些问题。

有几个因素促使美国太平洋电力公司（PacifiCorp）使用液流电池储能替代增加新的馈线：

① 原来的馈线位于犹他州 Arches 国家公园的科罗拉多河，增加馈线要穿过国家公园。

② 25 kV 的（14.4 kV LN）馈线主配电线分布长度有 209 km。由于馈线较长，可靠性和电能质量将降低。

③ 增加新的输电线路被拒绝，因为馈线不能提供低电压，不能显著减少用户用电对电网的负荷。

④ 替代原来的馈线，来增加容量和提高服务，价格非常昂贵，环境也很难允许。

⑤ 钒电池储能系统体现出了优势，如果使用储能系统，通过在城堡谷安装大约一半馈线就能解决问题。

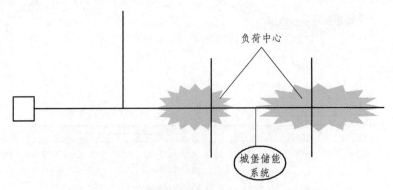

图 7-27　显示负荷中心和城堡谷储能系统供电网络

最终美国太平洋电力公司（PacifiCorp）在犹他州的城堡谷安装了一套容量为 2 MW·h（250 kW×8 h）的全钒液流储能系统（VRB-ESS）。该套系统于 2004 年 2 月投运，是北美地区第一套商业运行的大容量全钒液流储能系统。该套系统连接在 25 kV 农网馈线上，负责向犹他州东南一偏远地区提供高峰电力，从而可延缓新建一座变电站的需求。该系统还可进行无功调节，以提高 25 kV 系统功率因数和降低线损。

图 7-28　太平洋电力公司的 2 MW·h 全钒液流储能系统外景和内景图

## 2. 概况

VRB-ESS 是基于钒氧化还原将电池化学能转换成电能的电能储存系统。与通常储能电池中活性物质被包含在电池的正负极内不同，液流电池中的正、负极氧化还原活性物质分别溶解于装在两个储液罐中的电解质溶液中，各用一个泵使溶液流经氧化还原液流储能电池。电解质在电堆中循环流动，并在离子交换膜两侧的多孔电极上分别发生还原和氧化反应。

与其他储能系统相比选择液流储能系统的原因有以下几点：

① 长寿命——没有后续的维护问题；

② 效率高与低温运行；

③ 波形偏差的反应速度，必须能够弥补闪烁生产负荷；

④ 解决方案必须能进行无人操作；

⑤ 快速充电和放电；

⑥ 功率控制器（PCS），电压调整灵活；

⑦ 可扩展性——在同一个空间系统能从额定 2 MW·h 增加至 4 MW·h；

⑧ 有较好的经济性；

⑨ 在选择一个新的技术会有一定的风险，解决方案应该能简单设计的和长时间有效地使用。

只有在钒电池储能系统是能够满足所有上述要求，城堡谷 VRB-ESS-规格及操作参数：

容量：2 MW·h，250 kW×8 h；

电解质存储容量：140 000 L（并非所有使用）；

系统的占位面积：200 m²；

电压响应：<5 ms；

温度范围：5~40 ℃；

无人操作：是。

城堡谷 VRB-ESS 的 3D 的布局如图 7-29 所示。一个外墙包围着两个储液罐，储液罐的材质是双薄壁玻璃纤维。所有的管道是 PVC。储液罐足够的空间，可以见液流电池的容量提升至 500 kW。

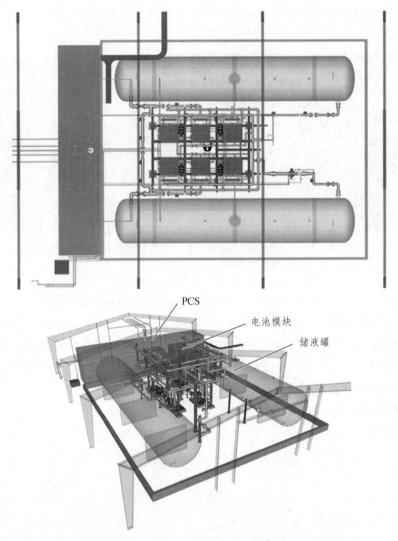

图 7-29　VRB-ESS 的 3D 的布局

如图 7-30，储能管理系统屏幕上能显示 VRB-ESS 系统运行的关键参数，如充放电情况、充放电时的电压电流、三相电压电流和电解液储液罐液体容量等。

3. 示范运行

2004 年美国太平洋电力公司（PacifiCorp）的全钒液流储能系统（VRB-ESS）投运至今使用效果如下：

① 安装 VRB 提高 2.2%（250 kVar 和 250 kW 的组合）的 25 kV 的线路电压。

② 减少电容器充电损耗和线路损耗，减少电力需求约 40 kW。

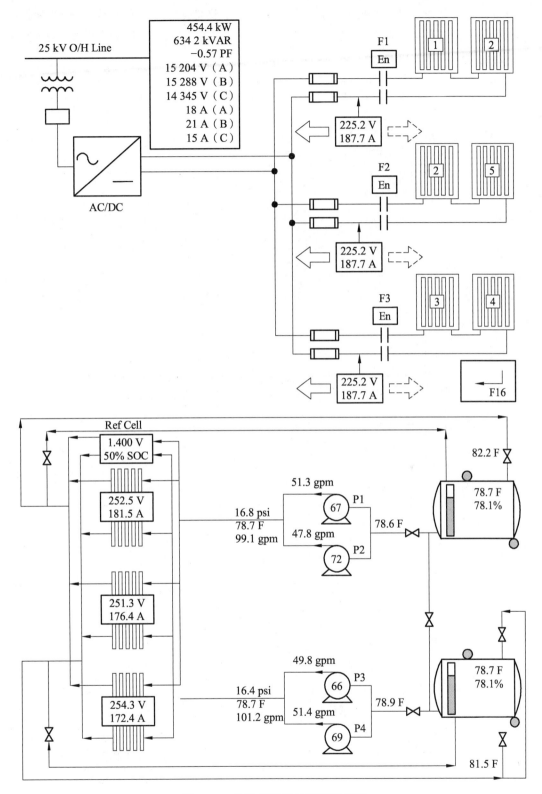

图 7-30　液流储能系统运行示意图

③ 在最大负载时，VRB-ESS 提供的最大功率支持，将是 4.6%（这仍有待旺季期间测量）。

④ 安装了液流储能系统的示意图如图 7-31 所示，前后馈线负荷曲线如图 7-32 所示，前后功率因数曲线如图 7-33 所示。

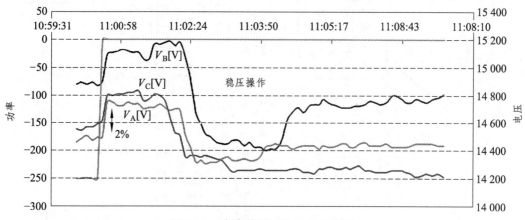

图 7-31　液流储能系统运行示意图

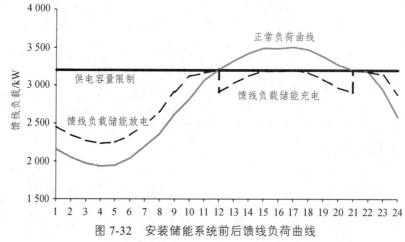

图 7-32　安装储能系统前后馈线负荷曲线

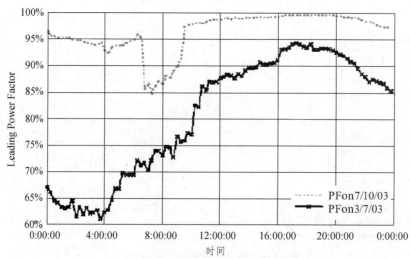

图 7-33　安装储能系统前后功率因数曲线

### 7.4.3 镍镉电池储能系统

**1. 背景**

美国阿拉斯加州的费尔班克斯冬季气温最低可达-50 ℃，90 000 居民的用电多数经过高压传输线从安克雷奇过来的，一旦传输线路中断或发电机组停机，电网的频率会产生衰减或衰变，这都将会对居民取暖带来严重影响。针对这一问题，ABB 厂家在北方希利煤场附近设立镍镉蓄电池储能系统。

Golden Valley 电池储能系统是世界上第一个商业招标的电池设施，由美国电力研究协会制定计划书，Golden Valley 电气公司使用。设备实物如图 7-34 所示。

图 7-34　室内镍镉电池

**2. 概况**

ABB 公司对镍镉蓄电池储能系统进行初步设计和控制工程，是整个项目的主要承包商。项目总用工为 24 个月，总花费 3500 万美元。

1）镍镉储能电池

镍镉蓄电池储能系统总共用了 13 760 个镍镉电池，总质量达 1300 t，安置于长 120 m、宽 26 m 的室内，计划寿命 20~30 年。每 344 个电池组成一个模块，其中每 4 个镍镉电池串联（可扩展至 8 个电池串联），由一个 BMS 进行监控。表 1 列出了该储能系统的基本参数。

表 1　镍镉蓄电池储能系统基本参数

| 环境温度 | -52~32 ℃ |
|---|---|
| 标称电压 | 138 kV/187 A/59~60.5 Hz |
| 直流电压 | 3440~5200 V/12 000 A |
| 交流功率 | 46 MW |
| 控制系统 | ABB PSRⅡ |

2）PCS

储能系统由大型电子电力转换器件和镍镉电池组成，镍镉电池是储能系统的媒介，负责能量的储存；电子电力转换器件进行交流电和直流电的转换。PCS 由镍镉储能电池，直流过滤电路，AC/DC 转换器，变压转换器以及 SCADA 操作系统组成，如图 7-35 所示。

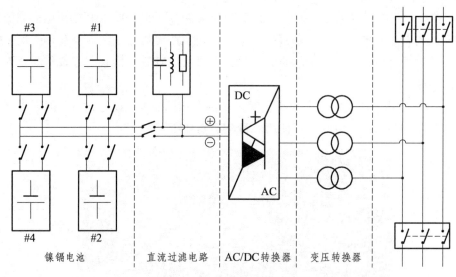

图 7-35　PCS 储能系统原理图

电子电力转换器件：

① 变压转换器：如图 7-35 所示，整个系统中有 3 个变压器，每个变压器的功率为 14.9 MV·A，连接在 AC 端和电网之间。

② 转换器：将交流电转换成适合储能电池的直流电，是整个系统的关键之处。

③ 过滤电路：将品质较差的电压过滤掉，使电压平衡，一般选取 60 Hz 的频率。

④ 热处理系统：用水或乙二醇流经运行的储能系统中，将储能系统内部热量带出，并循环给室外提供过剩的热能，以节约资源。

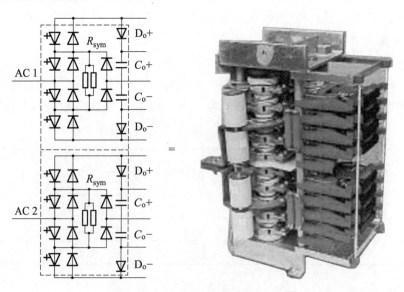

图 7-36　热处理系统原理及外观图

⑤控制器：储能系统由智能控制平台高速编程控制器（PSRⅡ）控制，PSRⅡ不仅对储能系统进行控制还能对系统进行保护。

3）电池监控系统（BMS）

BMS由费城科技公司提供，它可检测、记录、报告电池模块的电压、电流、温度、电解质容量等参数，每个模块配备一个监控系统。各个模块之间不相互干扰，但可以通过总线将数据集中传输到电脑中做分析。BMS是整个储能系统的末端，根据电池性能的差异划分电池等级，便于管理。

3. 示范运行

阿拉斯加州的储能系统直流电压超过5200 V，是目前世界上最高的电池电压；5 min内功率可达46 MW，测试峰值达到26.7 MW，容量达40 MW·h。

镍镉电池储能系统的额定输出的标称电压为138 V，电压偏差±14 V，输出频率60 Hz，频率偏差±0.1 Hz，持续输出的频率为59~60.5 Hz。

此套储能系统能实现7种操作模式：

①无功补偿：储能系统提供5~7 Mvar，支撑电力系统稳态和紧急操作。

②旋压储备：储能系统响应远程中断系统，优先于其他模式。

③稳定电力系统：包括阻尼电力系统振荡。

④自动调度：用来提供即时系统支持。

⑤预定负荷增加：允许储能系统响应增加的大型电动机负载。

⑥自动发电控制：类似于旋转机械。

⑦充放电功能：储能系统进行兆瓦级的充电或者放电运行。

2001年10月到2005年12月，储能系统应对突发大型事件共动作60余次；平均功率12 MW；累计时间553 min；累积保护居民用电297 970次。

运行率高：系统运行率>99%（17个月仅有5天未运行），指令接受度超过98%。

实际效益比计划效益高，在电能上，可以达到24 min持续27 MW工作；在断电故障中，计划提升至60%~65%，实际超过80%。

图7-37　27 MW镍镉电池储能系统

### 7.4.4　上海崇明陈家镇微网储能

微电网系统建设位于 1 栋二层能源楼内，建筑面积 4500 $m^2$，各模块规划：屋顶光伏模块 200 kW、风机模块 1 kW、燃料电池发电模块 10 kW、储能模块 100 kW/200 kW·h，以及 V2G 模块。负荷主要为照明负荷、机房负荷、大楼内空调冷热负荷，总负荷约 200 kW。与主网接口处配置断路器，利用风、光、储以及燃料电池发电设备之间的协调可实现并离网状态之间的快捷切换以及离网状态下的自治运行，离网情况下保证为能源楼的基本负荷供电。

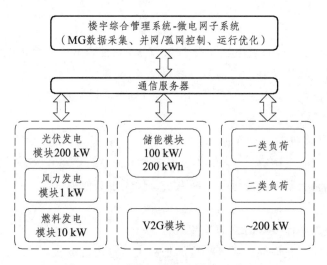

图 7-38　微电网子系统结构示意图

本项目电池储能子系统配置 100 kW/200 kW·h 储能系统一套，储能电池的位置与能量管理系统较近，可直接将通信接口接入能量管理系统的交换机。系统中含储能电池、电池管理系统、双向变流器 PCS、储能保护监控，配置交流开关、三相电能表各一块，具有通信功能。储能电池本体共需配置屏柜 8 面。

## 参考文献

[ 1 ] 黄伟, 张建华. 微电网运行控制与保护技术[M]. 北京: 中国电力出版社, 2010.

[ 2 ] 吴福保, 杨波, 叶季蕾. 电力系统储能应用技术[M]. 北京: 中国水利水电出版社, 2014.

[ 3 ] 张野, 郭力, 贾宏杰, 等. 基于平滑控制的混合储能系统能量管理方法[J]. 电力系统自动化, 2012, 36(16): 36-42.

[ 4 ] 张涛. 微型电网并网控制策略和稳定性分析[D]. 武汉: 华中科技大学, 2008.

[ 5 ] 杨为. 分布式电源的优化调度[D]. 合肥: 合肥工业大学, 2011.

[ 6 ] 纪明伟. 分布式发电中微电网技术控制策略研究[D]. 合肥: 合肥工业大学, 2011.

[ 7 ] 梁有伟, 胡志坚, 陈允平. 分布式发电及其在电力系统中的应用综述[J]. 电网技术, 2003, 27(12): 71-75.

[ 8 ] 王成山, 王守相. 分布式发电供能系统若干问题研究[J]. 电力系统自动化, 2008, 32(20): 1-4.

[ 9 ] 周邺飞, 赫卫国, 汪春, 等. 微电网运行与控制技术[M]. 北京: 中国水利水电出版社, 2017.